습지의
숨·쉼,

이 책은
주명덕, 구본창, 조대연, 석재현, 박덕수, 이혁준, 김상경
7명의 사진작가와
신달자, 신경숙, 곽재구, 장석남, 정이현
5명의 작가들이
지난 몇 개월 동안 순천만을 방문한 후
순천만에서 느끼고 배운 삶과 힐링의 메시지를
사진과 글로 담아낸 책입니다.

BREATH AND REPOSE
OF THE WETLAND

습지의
숨·쉼'

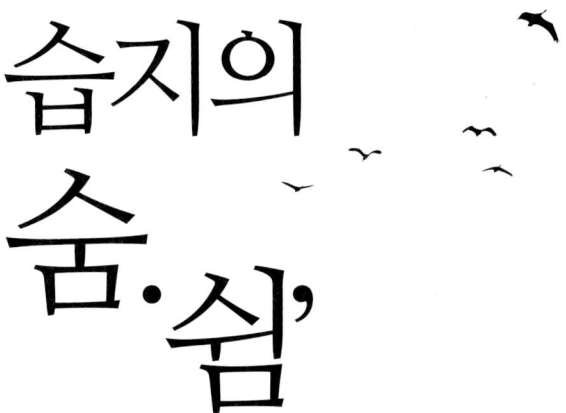

SIGONGmedia

순천만에서 나를 깨우다

행복은 결코 그냥 오지 않는다. 끊임없는 노력을 통해 '행복할 수 있는 소질'을 계발해야 한다. 매일매일 새롭게 인생을 시작하는 기분으로 무엇을 했다라는 결과보다 무엇을 하고 있다라는 과정을 즐기다 보면 결국 자신의 꿈을 이루게 된다. _ 신달자

바람은 거울인지도 모르겠어. 어떻게 그걸 이겨내고 이 시간으로 오게 되었을까 싶은 일도 그냥 담담하게 떠오르곤 해. 오래 잊고 지냈던 사람들의 얼굴이 바람에 실려 와 잠시 머무는 때도 있지. 그렇게 계속 걷다 보면 이젠 생각이 과거를 지나 현재를 지나 미래로 뻗어 나가지. 걷는다는 일은 온몸을 사용하는 일이잖아. 순천만에서 걷기 시작하면서 걷는 일은 운동이 아니라 휴식이 아니라 미래로 한 발짝 나아가는 일인지도 모르겠다는 생각이 들더군. _ 신경숙

무엇을 보고 무엇을 생각할지 먼저 결정하지 않는다. 그저 마음을 열고 사람들과 만나고 그들이 이끄는 대로 따라가다 보면, 어떤 이방인도 보지 못하는 진짜 삶의 모습과 마주치게 된다. 거기서 시인은 생의 가장 행복하고 빛나는 순간을 체험하고 시를 발견하는 것이다. _ 곽재구

사회적 위치에서, 우주적 위치에서, 무엇보다 자연의 위치에서 잘살고 있는지 스스로에게 의문을 갖는 사람이 시인이다. 끊임없이 자신과 자기 마음을 들여다보고 반성하며 의문의 풍경을 시로 만드는 사람이다. 속도 때문에 치어서 죽고, 병 걸려서 죽고 하는데, 왜 그런지? 왜 이렇게 살아야 하는지 더 절실하게 알아야 하지 않겠느냐? _ 장석남

깊은 바다를 유영하는 한 마리 물고기처럼 살면 안 되는 걸까. 이 단단한 제도의 틈과 틈 사이를 자유롭게 흘러 다니면서? 그러다 다른 물고기나 산호초와 문득 눈이 마주치면, 생긋 한번 웃어 주고는 이내 제 길을 가는 거다. 아무것도 약속하지 않고, 어디에도 미련 두지 않고! _ 정이현

2013년 4월

차 례

주명덕의 S모놀로그

홀로 있다는 것이 혼자라는 뜻은 아니다.
시야를 안으로만 보면 나만 보인다.
시야를 밖으로 돌리면 나를 둘러싼 주위가 보인다.
이 세상에 사랑해야 할 것들이 얼마나 많은지 알게 된다.
내 발 밑에 선 풀과 내 뒤에 우뚝 선 산.
내가 홀로 서 있듯 그들도 홀로 서 있었다는 것을
깨닫는 순간 관계 맺음이 생겨난다.
관계를 맺는 순간, 이 세상은 풍요로워진다.

바람이 불면 갈대는 바람이 이끄는 대로 눕는다.
바람이 지나가면 갈대는 언제 그랬느냐는 듯 다시 일어선다.
아무리 강한 바람이 불어와도 갈대는 의연히 잠시 눕는다.
다시 일어서야 한다는 것을 알기에.

10월 하순이면 순천만은 겨울 철새 마중으로 분주하다.
대대포구 주변 논밭에 나락을 뿌리고,
갈대로 가림막을 만들어
도시 불빛이 순천만으로 들지 못하게 한다.
흑두루미, 청둥오리, 고니가 겨울을 날 수 있도록 배려한다.
3월 하순이 되면 철새들은 순천만을 떠나지만,
떠나는 철새나 보내는 사람들 모두 다시 만날 것을 안다.
순천만의 철새 맞이는 사람과 자연이 만들어낸
가장 따뜻한 감동이다.

순천만은 바람, 물, 철새로 가득하다.
순천만은 바람이 떠난 빈 하늘, 물이 빠진 빈 갯벌,
철새가 떠난 빈 들판도 있다.
자연으로 가득하기도 하고, 자연으로 텅 비어 있는 곳.
자연 그대로 자유롭게 숨 쉬는 땅이다.

작은 갯마을들의
꿈과 시

곽재구의 S모놀로그

문득 만난 와온 바닷가 마을의 노을이 한없이 따스하고 신비하게 느껴질 때가 있다.
그때 우리는 새로운 삶에 대한 꿈과 에너지를 얻는다.　　　　와온 갯벌

봄날의 꽃보다 와온의 개펄이 아름답다

와온은 순천만에 자리한 작은 바닷가 마을의 이름이다.

처음 이곳 바다에 들어서던 때의 기억이 난다. 순천에서 여수로 가는 863번 지방도로를 흐르다가 문득 들어선 바닷가 마을에 해넘이가 이루어지고 있었다. 마을 앞에는 드넓은 개펄이 펼쳐지고 섬들이 갯물 끝에서 하루의 맨 마지막 햇살을 받아 반짝이고 있었다. 개펄 위에는 해가 자신의 영과 육을 던져 만든 찬란한 노을들이 펼쳐졌는데, 하늘이 아닌 곳에 노을이 펼쳐질 수 있다는 사실을 그때 처음 알았다.

색종이를 찢어 도화지에 붙이는 놀이를 하는 아이의 마음이 되어 저녁노을을 바라보던 나는 마을의 이름이 궁금해졌고 낡은 선창에서 만난 노인으로부터 와온臥溫이라는 이름을 들었다. 그 이름이 내게 경이를 주었다. 따뜻하게 누워 있는 바다. 하루의 노동을 끝내고 몸과 마음이 한없이 정직해지고 부드러워졌을 때 만날 수 있는 정결한 평온이 허름한 포구의 이름 속에 깃들어 있었다. 언젠가 이곳 바다에 생의 한 시간을 누이리라는 꿈이 그때 찾아왔다.

개펄 위에서 한 무리의 아낙들이 꼬막을 채취하고 있다. 아낙들은 널이 하루의 노동이 끝나는 시간 노을은 아름답다.
그 자체가 지닌 휴식과 평화의 질감 때문이다.
_와온 바다에서 바라본 노을

오늘은 운이 좋다.

새벽 시간 속으로 물때를 보러 갈 수 있으니,

바닷가 마을 사람들의 하루는 물때에 맞춰 이루어진다.

라고 불리는 이동수단을 지니고 있는데 한쪽 무릎을 널 위에 올리고 다른 한쪽 발로 밀어서 움직이는 이 원시적인 이동수단이 없다면 아낙들의 노동은 불가능할 것이다. 겨울 햇살이 느릿느릿 움직이는 아낙들의 등을 비추는 모습이 인상파의 그림 같다. 사실 아낙들의 이 노동은 십 년 이십 년의 세월이 뼈에 스미지 않은 이라면 감당할 수 없을 만큼 힘든 것이다. 널 위에 자신의 몸무게보다 더 나가는 꼬막이나 바지락을 싣고 이동하다가 개펄이 딱딱하게 다져진 곳을 지나갈 적이면 허리는 휘고 눈에서는 피눈물이 난다고 한 아낙은 어느 날 내게 이야기했다. 어머니는 왜 이곳에 나를 낳았을까 한스러웠다고도 말했다. 그럼에도 불구하고 내게 이 아낙들의 노동은 한없이 따뜻하고 평온하게 느껴진다. 인간이 자신의 생존을 위해 꼭 필요한 노동을 하는 모습만큼 건강하고 순결한 아름다움이 있을까.

어느 해 봄 이곳 바다에 들른 소설가 박완서 선생은 개펄에서 일하는 아낙들을 바라보며 '봄날의 꽃보다도 와온 바다의 개펄이 더 아름답다.'는 얘길 했거니와 이는 훌륭한 육체노동을 하는 갯마을 아낙들의 삶에 대한 헌사에 다름 아니었다. 내가 쓴 시 한 편이 농부가 수확한 감자 한 망태나 토마토 한 광주리 같은 쓸모가 있는 것인가 하는 것은 나의 오랜 관심사였으니 평생 글을 써 온 선생에 있어서는 그 소회가 오죽할 것인가. 밀물이 되어 노동을 마친 아낙들이 햇살과 바람에 그을린 얼굴로 집으로 돌아가던 모습을 바라보며 선생은 내게 '나도 이곳에서 좀 살다갈까 봐!' 라고 얘기했는데 뒤에 그 말이 선생 또한 이곳 개펄에 납작 엎드려 널을 밀며 노동하는 삶의 시간을 만나고 싶다는 뜻은 아니었는지, 하는 생각이 드는 것이었다. 만약 선생이 오래 살아 와온 바다에서 널을 밀었다면 선생은 평생을 하얀 손가락으로 글을 쓰며 산 콤플렉스를 씻었을 것이다.

사실 와온 바다에는 널리 펼쳐진 개펄 외에는 보이는 것이 없다. 바다가 텅 빈 마음으로 밀려오고 텅 빈 마음으로 다시 밀려 나가는 것이다. 텅 비어 있으니 온몸으로 저녁 햇살을 껴안을 수 있고 텅 비어 있으니 밀려오는 바닷물도 따스하게 받아들일 수 있는 것이다.

와온의 바다가 가장 아름다운 시간은, 이건 1급 비밀이다, 해넘이의 시간이 아니라 만월의 시각이다. 봄날 한없이 둥글고 큰 달이 와온 바다 위에서 달빛을 뿌릴 때면 세상은 온통 눈부신 꽃밭이 된다. 만파식적의 고요함 속에 달빛의 향기가 온 바다를 그윽이 흔드는 것이다. 이럴 때 나는 내가 쓴 시들의 허름한 굴레에서 벗어나 눈앞에 펼쳐지는 생의 한 순결한 꿈에 숨을 죽인다. 가깝고 먼 갯마을의 불빛들, 먼 여행길에서 방금 돌아온 것 같은 섬의 그림자들, 알 수 없는 음절의 노래 한 자락을 떨구며 날아가는 잠들지 못하는 새들. 핍진하기 이를 데 없는 우리들 삶 속에 펼쳐진 이 아름다움은 도대체 어디에서 오는 것인가? 천천히 걷고 있던 나는 어느 순간 내가 맨발

시가 만灣 건너편 마을의 저녁 불빛만큼 따스하고
마을 주위에 머문 어둠만큼 푸르스름했으면 좋겠다고 생각한다.

이라는 것을 알았다. 발아래 툭툭 뒤는 달빛을 밟으며 몸 안 어느 구석에선가 신선의 춤사위가 빚어지는 것을 느꼈다.

그날 나는 맨발로 유룡遊龍과 노월蘆月, 파람바구 마을로 이어지는 달빛 길을 걸었다. 마을의 이름들이 달빛만큼 아름다웠다. 용들은 춤을 추며 노닐고 갈대밭 위에 달빛은 하염없이 쏟아진다. 파람바구는 아마도 바람 소리를 빚어내는 바위를 뜻할 것이다. 용들이 춤을 추며 노니는 그 달밤에 바위는 어떤 바람 소리를 스스로 빚을 것인가, 생각하는 것만으로 가슴이 설레었다.

파람바구 이 할머님의 사랑 이야기

지난 겨울 파람바구弄珠 마을에 들렀다가 길 위에서 만난 한 할머니의 이야기를 여기 적는다. 눈발이 날리고 있었고 할머니는 손에 호미를 쥐고 있었다. 할머니의 걸음걸이가 빨랐다. 눈 오는데 어디 급히 가시오? 답변이 가슴을 뭉클하게 했다.

_ 회관에서 노인들이랑 10원 짜리 민화투 치는데 오늘 일진이 안 좋아. 몇 백

원 잃었는데 자리에서 일어났어. 산밭 이랑이라도 좀 헤적여야 할 것 같아.

_ 눈도 오는데 그냥 더 치지 그러셨어요?

_ 백주에 일 안 하고 놀고 있으면 죄 짓는 것 같아.

나와 할머니의 이야기는 이렇게 시작되었다. 할머니는 내게 지난 시절 자신의 노동 이야기를 펼쳤는데 그것은 일생을 한 가지 꿈과 일에 바친 사람만이 빚어낼 수 있는 품격 있는 사랑의 이야기이기도 했다.

할아버지가 인물도 좋고 머리가 참 좋았어. 학교는 다니지 못했는데 결혼하고 혼자 공부하더니 글을 다 깨우쳤지. 글을 얼마나 잘 쓰는지 군에서 열리는 백일장 마다 나가서 상을 타 왔어. 난 까막눈이야. 그때 참 좋았지. 한참 잘 살았는데 어느 날 할아버지가 내게 키도 작고 못생겼으니 집에서 나가라고 했어. 눈에 띄지 않는 곳에 살라고 해서 저기 저 산모퉁이 갯길에 작은 움집을 짓고 살았지. 저기 저쪽 갈대밭 보이잖아. 혼자 살며 악착같이 그곳에 염전을 만들었어. 염전을 만들어 놓으니 소금 값이 대구 좋아지더구먼. 돈을 참 많이 벌었어.

노월마을과 파람바구 사이 갈대밭에 자리한 염전 터는 나도 잘 알고 있는 곳이다. 그곳의 언덕배기에서는 순천만의 갯골 중에 가장 예쁜 갯골들을 볼 수 있어 나라 안 사진가들의 포토 포인트가 되기도 한 곳이다.

_ 어느 날 염전에서 일하고 집에 돌아오니 할아버지가 안방에 턱 앉아 있데. 나를 보더니 아, 지아비가 왔는데 밥도 안 내고 뭐하는 거여? 하고 호통을 치더구먼. 쌀을 안치고 찬을 만드는데 눈물이 막 흘러도 마음은 좋았어.

할머니는 내게 어디에서 왔느냐? 묻고는 산밭으로 오르는 언덕길을 종종 종 오르는 것이었다. 할머니가 손에 쥔 호미의 모습이 눈에 크게 들어왔다. 호젓한 갯마을에 내리는 함박눈보다도 할머니의 호미와 눈가의 선한 주름살이 더 사랑스럽게 느껴졌음은 물론이다. 이날 나는 할머니와 헤어진 길 위에서 한 편의 시를 썼다.

농주 _이순숙 할머니

길에서 만났다
파람바구라는 옛 이름을 지닌 바닷가 마을
눈발이 날리는데 할머니 손에 호미를 들었다

마을회관에서 동무들과

하얀 의자를 곁에 두고
할머니 누구를 기다리시나?
어린 시절 할머니는 춘궁기가 되면
갈대순을 꺾어
보릿가루와 버무린 갈대버무리로
끼니를 넘긴 적이 있다.

10원 내기 화투를 치다 200원을 잃고

대낮에 일을 안 하면 죄가 될 것 같아

산밭 이랑이라도 좀 헤적일 량으로 나왔다 한다

한차례 본 적이 없는 할아버지 이야기를 펼치는데

인물도 좋고 머리도 좋고 애기 각시 마음에 다 좋았다 한다

혼자 한글을 깨우쳐 군내 백일장에 나가 상을 타오기도 했는데

결혼한 지 십 년 안 돼 못생기고 키도 작다며 할머니에게 집을 나가라 했다 한다

동네가 안 보이는 바닷가 비탈에 작은 오두막 짓고

홀로 개펄을 막아 염전을 일구며 살았다 한다

선학에서 와온으로 가는 갯길

지금은 갈대 무성한 그 염전 터를 나는 안다

십 몇 년이 뚝딱 지나고

소금 돈을 좀 벌었소

어느 날 갯일 끝내고 집에 돌아왔는데

나 쫓은 양반이 아랫목에 턱 앉아

서방이 왔는데 밥상 안 내고 뭐하느냐 호통합디다

밥상 차리는데 눈물은 막 흘러도 마음은 좋았소

작년에도 과천 사는 아들 카센터 차리는데 천만 원 없는 2억 주었소

다들 공부 시키고 집도 사주고 했으니 원도 없소

눈이 천지 사방 펄펄 날리는데

이순숙 할머니 이야기 하다 눈사람 되어

호미 들고 산비탈 오르셨다

　어찌 이것을 시라 부를 수 있겠는가? 이것은 시가 아닌 할머니의 삶의 숨결, 할머니가 이 지상에 떨군 이야기의 주름살 하나에 불과할 지 모른다. 시 제목 농주弄珠는 파람바구의 행정상 이름이다. 용이 여의주를 가지고 노는 모습을 뜻할 터이니 이 이름은 삶을 하늘의 뜻으로 받아들이고 그것을 구슬처럼 아끼고 산 한 할머니의 인생살이를 기억하는 방식인지도 모른다.

이제부터 그대를 고니라고 부르겠다

한겨울 순천만은 철새들의 낙원이다. 낙원이라는 말에 스민 인간의 이데올로기는 내게 늘 불편하다. 최초에 이곳을 철새들이 찾았을 때 넓은 개펄과 갈대밭이 우거진 이 땅은 그들에게 이상향의 개념으로 다가왔을 것이다. 여기 날개를 접고 생명의 숨결을 빚자. 철새들의 선조는 그렇게 얘기했을 것이고 그 꿈을 좇아 그들은 먼 시베리아로부터 이곳까지 날개를 펄럭이며 날아왔을 것이다. 그런데 어느 순간 그들이 낙원으로 여긴 삶의 터전들이 인간의 숨결과 부딪치며 축소되거나 훼손되었다. 인간이 곁에 머무는 한 그곳은 낙원이 될 수 없는 것이다. 순천만이 철새들의 낙원이라는 말은 이곳도 언젠가는 실낙원이 될 수 있다는 의미로 내게 다가온다. 그럼에도 불구하고 순천만에서의 철새들의 유영을 바라보는 것은 한없이 평화롭고 자유롭다.

십 년 전 순천만의 모습은 지금과 달랐다. 탐방객들을 위한 데크 치장이 없었고 탐조를 위한 배편들도 아주 작은 배 한두 척이 간헐적으로 움직일 뿐이었다. 대대포구에서 화포 쪽으로 나가는 갈대밭 길이 있어서 터벅터벅 걷기도 좋았다. 바다와 갈대밭 사이에 자리한 둑길 위에 늦핀 코스모스 몇

송이가 갯바람 속에 흔들리고 있었다. 어디든지 아웃사이더가 있는 법. 나는 코스모스 한 송이를 꺾어 들고 둑길 위를 걸어갔다.

이곳의 코스모스는 나와 인연이 있다. 그 무렵의 어느 가을날 나는 친구들과 함께 순천만 코스모스 씨앗들을 받았는데 그 양이 서너 되 됨직한 것이었다. 나는 그 씨앗들을 다음 해 봄 내가 근무하는 예술대의 오르막길에 뿌렸다. 가을에 수북이 자란 코스모스들이 하양과 분홍의 눈망울들을 반짝이며 그 길을 따라 걷는 아이들의 발자국 소리를 듣기 바랐다.

1990년, 그 무렵이었을 것이다. 박승희라는 이름의 한 여학생이 자신의 몸을 스스로 피운 불속에 던졌다. 오래 전 내가 다녔던 대학의 같은 단과대학 학생이었다. 여학생은 마지막 편지에 코스모스 씨앗을 자신이 매일 오르내리던 단과대학 길에 뿌려 달라는 글을 남겼다. 그 시절을 기억하지 못하는 이들은 왜? 하고 물을 것이다. 왜? 아직 정치적 민주화가 이루어지지 않은 시절이었고, 더 나은 한국 더 아름다운 한국인의 꿈을 위해 젊은 영혼은 스스로의 몸에 꽃불을 지폈던 것이다. 어느 시절이고 생명을 지닌 모든 것들은 낙원의 꿈을 향해 자신의 숨결을 던진다.

첫해 가을 코스모스 꽃들이 피었을 때 승희 얼굴을 보는 것 같았다. 다음 해 가을 그 다음 해 가을 이상하게도 코스모스 꽃들은 점점 숫자가 줄었고 그 다음 해에는 아예 꽃송이를 볼 수 없었다. 제초제 때문이라는 것을 뒤에 알았지만 특별히 슬픈 감정은 없었다. 나는 코스모스들이 자신들의 이상향을 찾아 떠났다고 믿었고 그들의 맨 나중 원적지는 순천만이었고 최초의 원적지는 중남미의 어느 한적한 시골마을이었을 것이다.

제방 길 위를 걸어가던 나는 머리가 하얀 한 서양인 할머니를 만났다. 할머니는 삼각대에 받친 망원경을 들여다보고 있는 중이었다. 곁에 서 있는 한국인 청년은 작은 안테나를 들고 있었는데 철새들의 움직임을 쫓는 중이라 했다. 청년에 의하면 할머니는 미국의 두루미 학회에서 파견 나온 분이고 자신들은 지금 한 마리의 두루미를 추적하는 중이라 했다. 아기 흑두루미 두리. 두리는 어렸을 때 발견되어 키워졌는데 점점 자라면서 천연기념물인 흑두루미라는 것이 밝혀지게 되었다. 사람들은 두리를 다음 해 겨울 철새들이 다시 순천만을 찾을 때 합류시킬 것을 꿈꾸게 되었고 이 겨울 드디어 두리가 시베리아에서 온 본대와 합류케 된 것이다.

두리가 과연 잘 어울릴 것인가 어울리지 못할 것인가? 이는 당시 조류학자들의 큰 관심사였고 미국의 두루미 학회에서는 이 할머니를 파견하여 자초지종을 추적케 했던 것이다. 나는 처음 듣는 미국 두루미 학회의 사람들에게, 기구한 운명을 지닌 한 흑두루미의 삶을 좇아 한국의 작은 바닷가 마을까지 찾아온 할머니에게 깊은 감사의 마음을 지녔다. 청년은 두리가 다른 두루미들과 잘 어울리고 있다 했다. 두리의 귀향 소식도 큰 관심사가 되

절박한 환경을 탓하지 않고 꽃을 피워내는 데
생명의 순결한 아름다움이 있다.

었다. 봄이 올 무렵 흑두루미들은 다시 시베리아의 원적지로 떠나게 되는데 두리가 이들과 합류해 돌아갈 것인지의 여부가 궁금했던 것이다. 위치 추적 장치를 단 두리는 본대와 함께 한반도 상공을 날아가다 북한의 어느 지역에서 신호가 끊겼다고 한다. 그리고 다음 해 겨울 사람들의 기다림에도 두리는 다시 순천만에 모습을 나타내지 않았다. 생명의 파문波文의 아름다움이여, 설령 이루지 못한 꿈이 이승의 어느 허공에 걸릴지라도 아쉬워하거나 안타까워하지 않기를. 새로운 생명의 후손들이 끊임없이 거칠고 황폐한, 때로는 지극히 아름다울 수 있는 그 길을 끊임없이 찾아 힘차게 날갯짓할 것임으로.

순천만을 찾은 새들 중 사람들의 관심을 끄는 대표적인 새는 고니이다. 백조라는 동화 속 이름으로 더 친근한 이 새가 유영하는 모습을 보고 있노라면 생명이 지닌 고고한 자긍심 같은 것이 느껴진다. 고니는 움직임이 느껴지지 않을 만큼 천천히 움직인다. 남녘이라고는 하지만 한겨울 순천만의 바닷물은 차다. 개펄들이 얼어붙어 샤베트처럼 보송보송 일어설 때도 있다. 그 속에 두 발을 담그고 고요히 헤엄을 치는 것이다. 아무리 추워도 눈보라가 날려도 허둥거리거나 급하게 물살을 젓는 법이 없다. 한없이 우아하고 한없이 고요하게 물 위에 떠 있는 것이다. 떠 있기 위해 수면 아래 분주히 움직이고 있을 발 생각을 적어도 이 아름다운 조류에게서는 느낄 수 없다. 청둥오리는 한꺼번에 열댓 개의 꼬막을 먹을 수 있다고 한다. 껍질째 삼키는 이 식사의 원초적 건강함도 놀랍지만 나는 물 위에서 고니가 뭔가를 찾아 먹는 모습을 본 적이 없다. 몸집이 청둥오리의 몇 배 이상 되는 이 거대한 새가 먹는 양이 어느 정도 될 것인지 짐작하기 어렵지 않을 테지만 고니는 자신의 식사 시간을 다른 생명체들에게 보여 주지 않는다. 살기 위해 먹는다는 생명의 진리를 고니는 비껴간다. 단지 어느 순간 힘차게 날개를 저으며 하늘 한복판을 향해 날아간다.

고니

이제부터 그대를
고니라고 부르겠다

눈보라 펄럭이는
화포나루

개펄 위에서

배 고픈 청둥오리들이

제 머리통만한

참꼬막 알들을 주워 삼킬 때

눈보라가

와온과 거차 포구를 뒤덮고

목 꺾인 갈대들

울음소리마저 다 삼킬 때

한 무리의 흰 새들

극락처럼 그 바다 건너갔다

단 한 번 눈보라에 고개 숙이지 않고

단 한 번 눈보라에 날개 퍼덕이지 않고

단 한 음절 비명소리도 없이

한 무리의 흰 새들

주저함없이 그 바다의 끝

천천히 헤엄쳐 갔다

오늘도 고통의 길 떠나는 그대여

이제부터 그대를 고니라고 부르겠다

젖은 옷소매

핏발 선 두 눈 부비며

먼 도시의 불빛 속 날아오르는 그대여

날아오르다 자꾸만 숨차 주저앉는 그대여

이제부터 그대를

고니라고 부르겠다

시가 은유이며 이미지라는 말은 적어도 이 새에겐 느껴지지 않는다. 고요하고 조용하며 평화로운 것. 삶의 어떠한 질곡으로부터도 벗어난 자유로움 같은 것. 눈 속으로 날아가는 고니들의 순백의 비상을 보며 나는 이 만 안에 생명을 부린 모든 존재들의 삶의 시간들 또한 저렇게 유장하고 허허롭기를 바라는 것이다.

미국미역취 꽃의 꿈

나는 미국미역취 꽃을 좋아한다.

이 꽃을 아는 사람은 주위에 많지 않다. 이름에서 알 수 있듯이 이 꽃은 미국에서 건너 온 귀화식물이다. 이 꽃에서는 어쩔 수 없이 생의 터전을 옮긴 이민자의 고단한 삶 냄새가 난다. 사랑도, 명예도, 기념하고 싶은 생의 추억도 없이 제3국의 부두에 덜렁 남겨진 외로운 이민자. 몸 하나뿐으로 어디 새로운 세상의 꿈은 없을까 두리번거리는 외로운 이민자. 낡은 외투 단추 안에 어머니의 은반지 하나를 숨겨둔 채, 고단한 삶을 시작하는 이민자의 눈빛과 겅중겅중한 발걸음이 이 꽃에서 느껴지는 것이다. 그 꽃이 언제부턴가 순천만의 제방과 물길 주위의 풀밭들에서 자라고 있다. 내가 처음 이곳에 왔던 13년 전, 순천만의 정경들에 흠뻑 빠져들던 그 몇 해 동안 보지 못했던 꽃이다.

미국미역취 꽃은 키가 크다. 완전히 자라면 3m 이상의 키를 지닌다. 다 자란 미국미역취들이 순천만의 제방 길 양쪽에 서 있는 모습은 장관이다. 제방 길의 폭이라야 경운기 한 대가 고작 지나갈 정도이니 양쪽에 도열한 미국미역취들이 서로 이마를 마주 대고 있으면 제방 길은 그대로 미국미역취가 만든 터널이 된다.

　서역 땅을 여행할 때 투루판에서 온 도시가 포도의 터널로 뒤덮인 것을 본 적이 있다. 포도 넝쿨 아래로 차들이 지나가고 아리따운 위그루 족의 아가씨들이 자전거를 타고 지나갔다. 저녁에 빈관賓館의 무도장에서 만난 위그루 아가씨들의 몸에서는 청포도 냄새가 풋풋하게 풍겨왔다. 나그네에 대한 예절이 풍족한 이 민족의 아가씨들은 처음 본 여행자에게도 윙크를 했는데 이 깜찍한 눈인사에서도 싱그런 포도 냄새가 났다. 사실 미국미역취 꽃의 독특한 향만 아니었으면 나는 이 꽃들이 트루판 위그루 아가씨의 살 냄새와 춤을 닮았다고 얘기했을 것이다.

　미국미역취는 여름에서 늦가을까지 노란색의 꽃을 피운다. 꽃은 이 초본의 상부 절반쯤에서부터 피기 시작하니 전신의 이분의 일이 꽃인 셈이다. 노란색의 키 큰 빗자루를 거꾸로 세워 놓은 꽃들이 제방 길 위에 늘어서 있는 모습이 낯설기도 하고 이국적인 로망을 불러 일으키기도 한다. 미국미역취 꽃에서는 역한 진딧물 냄새 같은 냄새가 스며 나왔다. 처음부터 나는 이 꽃향기가 이 외로운 생명이 자신을 지켜내기 위한 방편일 거라는 생각을 했다. 독하게 마음먹지 않으면 외로움을 물리치고 새로운 땅에서 자립할 수 없을 것이다.

　미국미역취는 순천 시내를 관통하는, 정원박람회장이 자리한 바로 곁의

동천에서부터 음식물 쓰레기 처리장이 있는 제방 길 주위에 군락을 이루었는데 여러 정황상 이 꽃이 순천 사람들로부터 미움을 받을 요소는 적지 않았다. 냄새도 냄새였지만 무엇보다 재래종인 갈대들과의 치열한 생존 경쟁이 문제였다. 순천만의 갈대들과 미국미역취는 동일한 생존 영역을 지닌 것으로 보인다. 두 식물이 살기 좋아하는 공간이 겹치는 것이다. 영역 다툼은 갈대와 미국미역취가 함께 있는 곳에서는 모두 치열하게 펼쳐진다. 결과는 미국미역취의 일방적인 승리로 보여진다. 갈대와 미국미역취가 함께 자라던 곳에서 갈대들이 밀려나 바다 쪽으로 자리하고 갈대들로 터널을 이루던 곳이 미국미역취의 터널들로 바뀌었으니 말이다. 굴러온 돌이 박힌 돌을 빼내는 격이니 다정하게 여길 사람이 없을 것이다.

가을날 꽃 핀 미국미역취 사이를 걷노라면 뉴욕의 한국인 청과상들 이야기가 떠오른다. 유태인들의 생활 터전이었던 곳에 한인들이 들어서며 24시간 영업 체제를 갖추었고 결국은 유태인들이 상권을 팔고 떠나가는 이야기다. 구소련이 붕괴한 직후 중앙아시아 지역을 여행 할 때 그곳의 고려인들이 자랑스럽게 이야기하는 것을 들은 적 있다. 유태인 후손들의 대학 진학률이 90%에 이르러 소련 최고였는데 까레이스키 후손들의 대학 진학률은 97%를 넘었다고 했다. 집단농장의 노력영웅 배출도 고려인이 최고였다고 한다. 한낮의 기온이 40도를 훨씬 넘는 그곳에서 모든 인종들이 낮잠을 잘 때 나는 몇몇 나이 든 고려인 농부들이 뙤약볕 속에서 무논의 물길을 잡는 것을 여러 차례 보았다.

뉴욕 바로 곁 크로스터 마을에 살던 K시인 생각도 난다. 부인과 함께 슈퍼마켓을 운영하는 그는 미국 생활 삼십 년이 다 되었지만 맨해튼에 나가본 적이 없다고 말해 브로드웨이의 뮤지컬을 보고 싶다던 나를 머쓱하게 했다. 주말도 없이 가게를 열고 일을 해서 두 아이를 아이비리그의 대학에 입학시키고 졸업시켰다 한다. 이방인의 삶을 살아낸 당당한 흔적인 것이다.

봄날 순천시에서는 인력을 동원하여 순천만 제방 길의 미국미역취들을 베어 낸다. 안쓰럽기는 하지만 나는 이들이 미국미역취의 땅 속 깊은 뿌리까지를 다 제거할 수 없음은 잘 알고 있다. 제거하고 또 제거하더라도 미국미역취들은 끝까지 살아남아 갈대와의 생존경쟁을 벌일 것이다. 그것이 이방인의 삶의 정체성임을 알면서도 나는 이 식물이 갈대와의 공존을 택할 방법은 없을 것인지 생각한다. 갈대들을 비켜난 어느 한 구역에 청과상을 차리고 오붓하게 그들만의 세력을 과시하는 것이다. 이 노란색의 키 큰 꽃들을 좀 봐. 냄새가 좀 나긴 하지만 이렇게 함께 모여 있으니 참 평화로워 보이지 않아?

비단으로 가리어진 호수

와온 바다에서 여수의 소라면으로 가는 길 위의 작은 마을들은 보석상자를 들여다보는 느낌이 있다.

상봉과 봉전·궁항·반월·달천…. 상봉과 봉전은 봉황鳳凰과 관련이 있을 것이다. 봉황을 만나는 땅, 봉황이 머무는 밭의 의미일 것이니 이미지만으로 아름답지 아니한가? 봉황은 상상의 새이며 인간의 길이 끝나는 곳에서 오동나무 열매를 먹고 산다고 한다. 그래서인지 이들 마을들에는 오동나무 꽃이 많이 핀다. 봄날 오동나무 꽃의 보라색 꽃등의 아름다움이라니. 오동꽃은 떨어지며 툭! 소리를 내는데 떨어지며 소리를 내는 꽃은 동백꽃과 목련꽃이 더 있긴 하지만 나는 그중 오동꽃의 추락성이 제일 아름답다고 생각한다. 이 소리만 보랏빛으로 물들어 있기 때문이다. 어느 핸가 나는 오동꽃의 추락성이 봉황의 울음소리가 아닌가 생각한 적이 있다. 길의 맨 끝에 있는 마을의 이름은 대개 봉정이나 봉전 혹은 봉선이거니와 이들 마을의 이름을 듣는 순간 나는 그곳 마을 어디엔가 이상향을 꿈꾼 누군가가 살았을 거라는 생각을 한다.

궁항 마을은 바다를 향해 팽팽한 활처럼 휘어 있다. 바다로 나아가는 마

달빛으로 읽은 시들의 행간에서
먼 우주에서 날아온 시간의 냄새가 나는 것 같았다.
그때 이후 나는 세상에서 제일 아름다운 시는
'달빛으로 읽은 시'라고 생각하게 되었다.

을 입구의 언덕배기 밭에 한동안 홍화꽃이 피곤했는데 그 꽃밭 가에서 나는 또 한 편의 시를 썼다.

와온 가는 길

보라색 눈물을 뒤집어 쓴 한 그루 꽃나무가

햇살에 드러난 몸을 숨기기 위해 애를 쓰고 있다

궁항이라는 이름을 지닌 바닷가 마을의 언덕에는 한 뙈기 홍화꽃밭이 있다

눈 먼 늙은 쪽물쟁이가 우두커니 서 있던 갯길을 따라 걸어가면

비단으로 가리어진 호수가 나온다

홍화꽃은 잇꽃이라고도 불리며 천연염색의 재료로 쓰인다. 연분홍 치마가 봄바람에 휘날리더라 할 때의 연분홍의 재료가 바로 이 홍화꽃인 것이다. 우리나라의 대표 색을 말할 때 흔히 오방색이라 말한다. 적·황·청·흑·백의 다섯 가지 색이 그것이거니와 나는 이 오방색의 아름다움을 한꺼번에 드러내는 가슴 설레는 빛이 이 잇꽃의 연분홍이라 생각한다. 궁항에서 갯길을 따라 시오리 걸어가면 와온 바다가 나오니 그것만으로 이 길은 내게 신비

한 느낌을 준다. 비단으로 가리어진 호수는 와온 바다를 드러내는 이미지이니 시를 쓴 뒤에 이미지라고 부를 만한 이미지 하나를 처음으로 찾은 셈이다. 에즈라 파운드는 평생 수백 편의 시를 쓰는 것보다 단 하나의 이미지를 만드는 것이 낫다고 말한 적이 있다.

반월은 말 그대로 반달 마을이다. 박씨 일가가 모여 사는 이 마을 입구에 핀 도라지 꽃밭을 보고 있을 때 구릿빛 얼굴의 한 아낙이 경운기를 몰고 지나가다 멈추어 섰다. 이마에 두른 땀수건에서 도라지 향이 나는 것 같았다. 꽃이 예쁘오? 이쁘오. 나는 하마터면 도라지 꽃도 예쁘지만 댁도 참 예쁘오라고 말할 뻔했다. 그 댁이 사라진 뒤 여운이 남은 길을 원고지 삼아 한 편의 시를 또 쓰기도 했다.

바닷가 마을

바닷가 마을로 들어가는 샛길
낮달이 도라지 꽃밭을 바라보고 있네
몸뻬바지 입고 경운기 모는 젊은 아낙의 고향은 베트남 어디
머릿수건 풀어 이마의 땀 훔치며 아따 꽃 참 이쁘오! 라고 남녘말로 말하네

고향에도 이 꽃이 피오? 물으니 붉은 얼굴 환하게 웃으며 고개를 젓네

하늘에 하얀 달

땅 위에 꽃

보라색과 하얀색의 원고지 사이로 난 작은 길을

키 작은 안남 여자가 경운기를 몰고 가네

　대저 시란 무엇인가? 마을 입구에 도라지 꽃이 피고 하늘에는 하얀 달이 흐르고 이역에서 온 아낙네가 땀을 내 일하다 잠시 멈춰 서서 꽃이 참 이쁘오! 라고 말하니 그 순간이 바로 시의 순간 아니겠는가? 세상의 모든 길이 원고지가 되기 위해서는 그 길가에 꽃이 피어 있어야 하고 열심히 일하는 인간의 땀 냄새가 있어야 한다. 그래야 하늘에 달도 흐뭇한 마음으로 잠시 머물 것 아닌가?

섬달천을 찾아온 반딧불이

달천의 본디 이름은 월내이다. 달천을 우리 음으로 부른다면 달내가 된다. 달천에는 두 개의 마을, 섬달천과 육달천이 있다. 달천에는 달래가 많이 산다. 이른 봄날 섬달천에 들렀다가 마을 아낙들이 회관 앞에 모여 달래 다듬는 것을 보았다. 어디서 캤냐고 묻자 뒷산에서 캤다고 한다. 이 마을에는 달래 향보다 짙은 아름다운 미풍양속이 남아 있다. 공동 생산하고 공동 분배하는 정신이 그것이다. 마을의 개펄은 순천만 일대에서도 찰진 것인데 양식 업자들에게 임대하고 남은 개펄의 수확물을 마을 사람의 수대로 나누는 것이다. 설령 마을의 어떤 노인이 몸이 아파 공동 작업을 할 수 없더라도 분배물은 정확히 나누어진다. 마을의 공동 자산도 넉넉하여 초동학교의 소풍이나 수학여행은 마을 사람 전체가 함께 간다고 20년 전 나를 만난 마을 이장은 자랑스레 이야기했다.

달천의 방조제 끝에 서면 여자만이 훤히 보인다. 여자도에 들어가기 위해 배를 타려면 지금도 여수가 아닌 달천으로 와야 한다. 방조제 끝은 훤히 뚫려 수평선이 보일 것도 같다. 추석이 내일모레이던 어느 가을 초저녁 방조제에 이르렀을 때 불빛 하나가 내게로 다가왔다. 처음 나는 그것이 야간

비행을 하는 비행체일거라 생각했는데 점점 다가와 눈앞까지 이르렀던 것이다. 반딧불이였다. 반딧불이들은 점점 많아져 눈앞에서 군무를 추기도 했다. 작은 불빛들이 하늘로 올라갔다가 다시 마을 위로 내려오곤 했다. 꿈결 같다는 말을 여기에도 쓸 수 있을 것 같았다. 심심산골 청정 1급수 주변에만 사는 반딧불이들이 섬달천에 집단으로 서식하고 있음을 그때 처음 알았다. 그 뒤 봉전이나 상봉 마을에도 반딧불이들이 서식한다는 사실을 알았고 언제부턴가 그 반딧불이들을 만나러 여름밤 나는 달천을 찾아가기도 했다.

딕과 엔 생각이 난다. 둘은 부부였고 네덜란드 사람이었다. 둘은 시를 쓰는 한국인 친구와 와온 바다에 들르게 되었는데 그들이 한국을 여행하게 된 내력이 내게 감동을 주었다. 부부에게는 나이가 스물다섯인 딸이 있었는데 한국인 입양아였다. 딸이 스무 살이 되면서부터 부부는 한국행을 계획했다고 한다. 딸에게 친부모를 만나게 해 주고 싶은 열망 때문이었다.

네덜란드에서 둘의 생활은 풍족한 편이 아니었다. 시골 마을의 조그만 도서관에서 사서직 일을 하는 것이 부부의 소득원이었고 여러 세대가 함께 생활하는 연립주택에 산다고 했다. 딸의 한국행을 위한 비행기 표 값을 모으기 위해서도 여러 해의 내핍 생활이 필요했다는 것을 나는 동행한 한국인 친구로부터 들었다. 난 이들과 함께 순천만과 여수 바다 이곳저곳을 함께 둘러보았는데 이 여행은 한국의 기성세대로서 왜 한국의 아이가 네덜란드에서 유년시절을 보내야만 했는지 하는 부끄러움과 감사의 마음이 담긴 것이었다. 동행하는 동안 앤은 내게 딸아이를 생각하며 쓴 시를 환한 웃음과 함께 읽어 주었고 딕은 와온 바다에서의 우리의 만남을 추억하는 즉흥곡을 커피 가게의 낡은 피아노 앞에서 연주해 주었다.

딕과 앤에게는 한국인 딸 말고도 아프리카에서 입양한 아이가 하나 더 있었다. 자신들의 삶도 넉넉지 않은 형편에 두 아이의 입양은 내게 놀라움이었다. 짧은 여행 중에 나는 그들에게 기어코 묻고 싶은 것을 물었다. 너희들의 삶이 경제적으로 윤택하지 않다는 것을 한국인 친구로부터 들었다. 그런데도 두 아이를 입양해 키우는 이유는 무엇인가? 그 아이들이 우리들과 함께 지내는 것은 우리가 매일 시를 읽고 피아노를 연주하는 것과 같은 것이다. 시를 읽는 동안 우리는 행복하고 피아노를 연주하는 동안 우리는 사랑의 감정을 느낀다. 아이들이 자라는 모습을 바라보며 우리는 큰 기쁨과 더할 나위 없는 사랑의 시간을 경험하는 것이다. 이 좋은 일을 돈이 없다고 하지 말라는 법이 있는가? 돈이 부족하다고 시를 쓰지 않고 같은 이유로 피아노를 치지 않는다면 인생은 더 이상 무슨 의미가 있겠는가? 딕과 앤이 떠나던 날 나는 환하게 핀 와온 마을의 오동나무 꽃가지를 듬뿍 안겨 주었다.

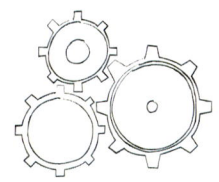

밀려오는 파도의 물살마다 뜨겁게 새겨지는 햇살들,
불기둥처럼 내 가슴속으로 밀려오는 그 햇살들의 광휘 속에서
나는 다시 내가 써야할 시의 체온을 느꼈고,
기꺼이 세상의 톱니바퀴 속으로
다시 맞물려 들어갈 수 있다는 생각을 했다.
_순천만

이곳에 사람이 살고 시가 있다

와온 바다의 맞은 편 해안선에도 꿈결 같은 바닷가 마을들이 자리한다.

화포와 우명·창산·거차와 같은 마을들이 그렇다. 이 마을들에 들르기 위해서는 순천에서 벌교로 나아가는 17번 국도를 타다가 상림이라 쓰인 이정표를 보고 왼쪽으로 방향을 잡아야 한다. 처음 화포에 들어서던 십몇 년 전 기억도 생생하다. 연둣빛 봄 바다가 해안선을 따라 펼쳐졌고 초등학교에 다니는 아이 둘이 보리피리를 불며 걸어가고 있었다. 내가 차를 멈추고 아이들을 바라보았을 때 아이들이 손을 흔들었다. 보리피리를 어떻게 부는 거니? 아저씨는 잘 모르는데. 나는 차에서 내려 두 아이와 함께 보리밭으로 걸어갔다. 한 아이가 열심히 보리피리 만드는 법을 일러 주었고 나는 예전에 내가 보리피리를 만들어 불었던 방식과 똑같은 방식으로 아이와 함께 보리피리를 만들어 불었다.

몇십 년이 지나도 변하지 않는 것들이 삶 주위에 있음은 진실로 축복이다. 문득 그것들을 삶의 길 위에서 만나게 되었을 때 우리는 현실이 펼친 난감하고 고통스런 시간들의 그물로부터 조금씩 자유로워 질 수 있는 것이다. 그때 나는 화포의 옛 이름이 쇠리라는 것을 알았는데 쇠리가 더 정겨운 느낌이 들

모든 것들은 다 당신 곁에 그대로 있다.

당신의 마음이 그 곁을 떠났을 뿐이다.

당신의 꿈, 자존심, 열정, 추억, 사랑…

그것들을 다시 생각해 보자.

었지만 화포라는 이름 또한 아름답지 아니한 것은 아니었다.

우명牛鳴은 화포 바로 곁의 마을이다. 소 울음소리 마을이니 나는 이 마을을 그냥 쉽게 음메 마을로 부른다. 바다 건너 와온 마을에서 음메 마을을 바라보면 정말로 소 한 마리가 누워 있는 형상이 보이는데 그 머리 부분에 화포가 자리하고 살이 오른 배 한 가운데 위치에 우명 마을이 자리한다. 음메 소리가 천천히 되새김질하는 소의 복부에서 들려오는 것 같다. 날이 어두워지며 우명의 어느 집에선가 밥 짓는 연기가 피어오를 적이면 나도 우명 마을로 가서 소처럼 음메 하고 포근한 울음소리를 내고 싶다.

눈 오시네

와온 달천 우명 거차 쇠리 상봉 노월 궁항 봉전 율리
파람바구 선학 창산 장척 가정 반월 쟁동 계당 유룡
착한 바닷가 마을들
등불 켜고 고요히 기다리네
청국장에 밥 한 술 들고
눈 펄펄 오시네

서로 뒤엉킨 두 마리의 용이 빚은

순금빛 따스한 알 하나가

툭

얼어붙은 반도의 남녘 개펄 위에 떨어지네

　와온 바다 곁에 머무는 동안 대책 없이 머무른 지상의 시간들이 부끄러워 글 한 줄 쓰지 못한 적도 있고 부끄러움 속에서 허겁지겁 몇 줄의 시를 쓴 적도 있다. 분명한 사실은 와온 바다가 지닌 촉촉하고 따스한 이데올로기 곁에 내가 머물고 있다는 사실이다. 와온臥溫, 따뜻하게 누워 있는 바다. 누가 처음 이 바다의 이름을 이렇게 불렀는지 알 수 없지만 그 또한 이곳 바다에 펼쳐진 저녁노을의 향연과 달빛들의 축제를 보았음이 틀림없다. 깊게 엎드려 널을 밀고 가며 조개를 캐던 아낙들의 굽은 등과 노동을 따스하게 지켜보았음이 틀림없다. 누군들 생의 와온을 꿈꾸지 않으랴. 나는 오늘도 순천만 와온 바다 곁의 바닷가 마을들을 찾아간다. 그 마을들에 꽃이 피고 물앵두가 익고 사람들의 말소리가 들리면 마음이 한없이 포근해진다. 달빛들이 고루고루 마을들을 적셔 주고 함박눈이 마을의 어깨며 등을 고요히 감싸안아 준다. 해가 뜨고 바람이 불고 나침반도 없이 철새들이 멀고 먼 땅으로부터 날아온다. 와온 바다 이곳에 사람이 살고 시가 있다.

구본창의 S모놀로그

순천만에 가자. 가을 하늘 떠다니는 구름을 따라
춤추는 갈대꽃이 있는 순천만으로. 생각만으로도
아른거려 두 발목이 들썩인다. 갯골을 타고 넘실넘실
넘어오는 갯바람을 안으며 기뻐하는 갈대를 본 지
언제였던가.
갈대꽃의 부드러운 촉감을 몸에 걸친 채 무심히 가을
하늘을 올려다보며 미소 지을 수
있는 곳, 순천만이다.

바다에도 농사지을 수 있는 밭이 있다.
뻘밭이 그곳이다. 물이 빠지면 질퍽거리는 밭으로 나간다.
작은 널판을 이리저리 밀며 꼬막을 캔다.
물이 들면 더 잡고 싶어도 잡을 수 없으니
한눈팔 시간이 없다.
갯마을 사람들의 분주한 새벽은 붉은 빛깔로 뻘밭과 함께
달아오른다.

도시에서는 빌딩과 수직을 맞추려 아등바등 부자연스럽게
살아가지만, 갯벌에서는 갯벌과 수평을 맞추며 사는 게
자연스럽다.
너른 갯벌에 사람이 들어가면 아닌 듯 그러하게, 그러한 듯
아니게 자연과 하나가 된다. 갯벌에서는 사람도 자연이다.

썰물 때 바닷물은 5킬러미터 뒤로 밀려 나가고,
밀물 때 바닷물은 육지 쪽으로 5킬로미터나 밀려들어 온다.
비록 이 10킬로미터 갯벌에 의지해 살지만
와온 사람들은 내일을 걱정하지 않는다.
아버지의 아버지가 그랬고,
그 아버지의 아버지도 이곳에서
자연의 섭리에 순명하며 살지 않았던가.

사람이 사람을
보다

정이현의 S모놀로그

난 말이야, 그게 참 좋더라. 멀리 돌아가는 거. 천천히, 천천히, 그렇게 가는 게.

1

내 친구 B가 그 남자를 처음 만난 곳은 시티투어버스였다. 아니다. 정확히 말하면, 시티투어버스의 출발지인 역전 관광안내소 앞이었다.

응? 시티투어라고?

B에게 미안하지만 그 지점에서 나는 그녀의 말을 끊고 끼어들지 않을 수 없었다. B가 조금 전 밝힌 여행지는 남도의 S시였다. 연하게 끓인 봄동 된장국처럼 순하고 따뜻한 이름. 나는 그곳에 가 본 적이 없지만, 그 지명은 어쩐지 '시티'라는 영어단어의 어감과 어울리지 않게 들렸다. '투어'라는 말의 뉘앙스는 또 어떤가. '투어'가 붙어도 어색하지 않은 조합은 꽤 많다. 허니문 가이드 투어, 유럽 미술관 투어, 동남아 2박 3일 황제 골프 투어 등. 그러나 S시 뒤에 그 단어를 붙여보니 썩 매끄럽게 입에 감기지 않는 게 사실이었다.

응. 시티투어였어.

B가 감회어린 어조로 대답했다.

그게 바로 나를 S시로 떠나게 한 첫 번째 이유였지.

그녀는 확인하듯 덧붙였다.

그때는 몰랐다.
떠날 때도 돌아올 때도
모두 정해진 시간이 있다는 사실을.

시티투어버스가 운행되고 있다는 것 말이야. 낯선 곳에 도착하자마자 어디부터 가야 할지 혼자 막막해 할 필요가 없으니까.

방금 그녀가 한 발언에는 중대한 어폐가 있었다. 애초에 B가 여행을 떠나겠다고 결심한 까닭이 바로 '혼자'이고 싶어서가 아니냔 말이다. 혼자 있고 싶어 떠난 길에, 혼자 막막해지는 것이 두려웠다니. 나는 킥킥거리며 그녀를 비웃어야 했다. 모름지기 친구 사이란 그런 것이다. 그러나 나는 그러지 않았다. '장난하냐?' 따위의 불경한 언사를 내뱉는 대신 나는 그새 비어버린 B 앞의 빈 잔에 가만히 맥주를 따랐다.

혼자 떠나는 생애 첫 여행지로 S시를 택한 두 번째 이유는 뭐였는지 알아?

글쎄. 혹시, 밥?

나는 손가락으로 땅콩껍질을 까며 자신 없게 답했다. 언젠가 텔레비전에서 보았던 남도 한정식 식당의 한상차림이 머릿속에 펼쳐졌던 탓이다. 내 상상력이란, 음, 늘 간신히 그 정도다. B가 단호히 고개를 저었다.

아니. 틀렸어. 정답은, 1271.

#1271. 그녀가 S역까지 타고 갔던 무궁화호의 열차번호였다. 서울역을 아침 아홉 시 반에 출발하는 그 기차는, 오후 다섯 시 십 분이 지나 S역에 도착한다고 했다. 얼추 헤아려 보니 일곱 시간 반이 넘었다. 나는 입 안의 땅콩을 단번에 깨물었다.

여덟 시간이 좀 못 되더라. 한국에서 가장 긴 운행 시간이지.

그 시간이면 인천공항에서 비행기 타고 하와이 갈 수 있지 않아?

그렇겠지.

발리에 가고도 남겠는 걸.

아마도.

말도 안 돼. S시가 그만큼 멀었던가?

멀긴 한데, 또 그렇게 멀지는 않아.

먼데 멀지 않다니. 알쏭달쏭한 말이었다. 하긴, 기쁜데 기쁘지 않고 아픈데 아프지 않은 경우가 살면서 드물지만은 않다. 그렇게 생각하니 좀 이해가 될 듯도 했다. 그녀의 설명에 의하면 그것은 S시에 닿기 위한 가장 느린 방법이라고 했다.

보통은 용산역에서 KTX를 타나 봐. 그럼 세 시간 쯤 소요될 걸.

뭐? 두 배나 더 걸리는 거잖아.

그런 셈이지.

B가 비밀을 털어놓는 목소리로 속삭였다.

심지어 운임도 큰 차이 안 난다는 사실.

그런데 왜 타는 거야?

누구라도 그런 의문을 품었을 것이다.

갯벌에 물이 들어오면
나는 돌아오고

다시 물이 빠지면
나는 갯벌로 나간다

물이 들고 나는 속도가
나의 걸음걸이의 속도다

돈도 비싸, 시간도 오래 걸려, 쉽고 빠른 길 두고 그렇게 빙빙 돌아가는 사람이 어디 있겠어?

B의 입가에 살짝 미소가 번졌다.

여기 있잖아. 바로 이런 사람.

B가 헐겁게 주먹 쥔 손으로 제 가슴을 톡톡 쳤다.

난 말이야. 그게 참 좋더라. 멀리 돌아가는 거. 천천히, 천천히, 그렇게 가는 게.

그녀는 천천히라는 부사를 연거푸 천천히 사용했다. 비둘기호도 통일호도 사라진 시대, S행 무궁화호를 타기 위해 그녀는 캔버스 천으로 만든 큼지막한 가방을 어깨에 둘러메고 아침 일찍 집을 나섰다고 한다. 금요일 출근길 4호선 지하철 안은 무채색 계열의 외투를 걸친 직장인들로 가득했다. 그녀의 가슴은 은밀한 자부심으로 부풀어 올랐다. 언제 마지막으로 느꼈었는지 아득하기만 한 감정이었다. 가방은 제법 무거웠다. 시사주간지 두 권과 영화주간지 한 권, 대형문고에서 오랫동안 심혈을 기울여 고른 하드커버의 장편소설 두 권, 신작 영화 여러 편을 넣어둔 노트북 컴퓨터가 들어 있었기 때문이다.

나름대로 만반의 준비를 한 거지.

일부러 멀리 돌아가는 길을 택했으면서 그 길을 견디기 위해 각종 도구

를 준비했다는 사실 역시 꽤나 모순적이었다.

그렇지만.

그녀가 잠시 말을 끊었다.

처음부터 알고 있었던 것도 같아. 결국 책 한 장도 들춰 보지 않으리란 걸.

B의 좌석은 창가 자리였다. 유리창 너머로 부신 해가 쏟아졌다. 그녀는 무릎 위에 가만히 손을 얹은 채 창밖을 바라보았다. 거리들이, 산과, 하늘과, 사람들이 다만 느릿느릿 스쳐지나갔다. 그게 전부였다. 일곱 시간이 넘도록 그녀는 한 마디도 하지 않았다. 화장실에 두 차례 다녀온 것 말고는 의자에서 꼼짝도 하지 않았다.

다행이라고, 생각했어.

B가 말을 이었다.

나한테 목적지가 찍힌 표가 있어서. 목표가 계속 가까워지고 있어서.

그녀가 고개를 숙이자 여윈 목덜미가 드러났다. 언제 B가 저토록 말랐던 거지. 나는 새삼스러운 감정으로 친구를 바라봤다. 요 몇 해 사이 B에게는 여러 가지 일들이 겹쳐 일어났다. 타인의 사생활, 특히 친구의 즐겁다고는 할 수 없는 사연에 대해 시시콜콜 털어놓는 것 만큼 못난 일은 없을 테니 여기에다 소상히 밝히지는 않겠다. 그저 사는 동안 누구한테나 일어날 수 있는 종류의 일들이라고 해 두자. 그런 일들이 무슨 까닭인지 촘촘한 간격을

시간은 참 잔인해.
그리고 시간과 시간의 틈새에서 내가 알지 못하는,
감당할 수조차 없는 무수한 일들이 벌어지고 있지.

두고 연속적으로 그녀를 덮쳤다. 첫 번째 충격에서 채 헤어나기 전에 두 번째와 세 번째 펀치를 연이어 맞은 것이다.

그러니까 요는 이렇다. 갑자기 차례로 쓰러진 부모가 차례로 세상을 떠나고, 오래 믿던 사랑과 이별하고, 타의에 의해 직장도 그만두게 된 사건이 숨 고를 틈 없이 벌어졌다. 숨 고를 틈이 없었다는 것이 핵심일 것이다. 얇은 틈새조차 없이 이어진 긴 고통의 시간들을 참아가는 동안, 그녀 마음속 어딘가에 미세한 균열이 생겼다. 단면이 거칠고 부자연스러운 실금. 실금은 점점 삐뚤삐뚤 벌어져갔다. B의 모습을 보기 힘들어진 것도 그 무렵이었다. 친구들은 모이기만 하면 B걱정을 했다.

전화도 받지 않아. 문자메시지에도 답이 없고.

나하고는 겨우 통화가 되긴 했는데, 힘 하나도 없는 목소리로 말하더라고. 당분간은 그냥 조용히 지내고 싶다고.

왜 안 그렇겠니. 휴, 어떡하니, 불쌍해서.

그러게 말이야. 안 됐어, 정말.

친구들이 토해 내는 깊은 한숨으로 식당 바닥이 꺼질 것 같았다. 나는, B가 불쌍하다고는 생각하지 않았지만 좀 불편할 거라고는 생각했다. 모두가 그녀의 안위에 대해 근심한다는 건 어쩌면 아무도 근심하지 않는다는 말과 다르지 않을지도 몰랐다. B는 아무에게도 먼저 연락하지 않았다. B를 위해

뜨거운 한숨을 뱉어 내던 친구들이 그녀의 이름을 화제에 올리는 빈도가 급격히 줄어갔다. 커피 전문점 계산대에서 카푸치노를 주문하면서 '시나몬 가루 듬뿍 넣어 주세요, 아주 많이요.'라고 외치는 키 큰 여자를 보았을 때, 심야버스에서 고개를 비스듬히 왼쪽으로 꼰 채 졸고 있는 단발머리 여자를 보았을 때, 나는 B를 떠올렸다. 계핏가루를 좋아하고 버스에 타기만 하면 예외 없이 그 각도로 졸기 시작하던 내 친구. 혼잡한 극장 로비에서 바닥을 보고 걷다가 누군가의 희디흰 운동화를 발견하고서 문득 위를 올려다 본 적도 있었다. 그녀가 즐겨 신던 신발이었지만, 당연히, 그녀가 아니었다. 그런 순간에는 가슴이 조금, 내려앉았다. 그렇지만 B도 어디선가 운동화가 저렇게 정결해지도록 열심히 빨고 있을 거라 믿었다. B의 손등에서 부서지는 하얀 세탁비누 거품에 대해 생각했다.

나는 또 다시 B의 잔에 맥주를 채웠다. 내 친구를 이렇게 다시 세상에 나타나게 한, 한 번도 가 보지 못한 S시에게, 시티투어버스에게, 생면부지의 그 남자에게도 가능하다면 고맙다는 의미의 술을 한잔 사고 싶어졌다.

그래서 잘 생겼어?

누가?

누구긴. 그 남자 말이야. 시티투어버스.

아아. 글쎄.

뭐야. 지금 내숭 떠는 거냐. 새삼스럽게.

아니야. 정말이야. 음, 사실은.

사실은, 뭐?

생각이 안 나.

뭐야?

나는 결국 아까부터 하고 싶었던 그 말을 입 밖에 내고야 말았다.

장난하냐?

마치 신인 개그맨 콘테스트에서 우승을 거머쥐셨습니다, 라는 말을 들은 것처럼 그녀는 입을 함박꽃처럼 벌리고 환히 웃었다.

그런 거 아니야.

야, 야, 됐어. 음악이나 듣자.

나는 잠이 와 오는 잠에 나른해지고 눈이 무거워 무거운 눈꺼풀이 싫어 다 좋은데 딱 한 가지 안 좋은 것은 눈뜰 수가 없네 눈을 뜰 수가 없네 봄이와 봄이와 그대와 함께라 좋아라
봄이와 봄이와 그대와 함께라 좋아라 봄이 오며는 산에 들에 진달래 피고 햇볕은 쨍쨍 모래알은 반짝거리고⋯.
(김현철 8집 〈봄이 와〉 중에서)

2

　남자는 원래 여행을 별로 좋아하지 않았다. 정서적, 금전적으로 그럴 만한 여유가 없는 환경에서 자란 탓일지도 몰랐다. 하급 국가공무원이었던 아버지의 수입은 안정적이었으나 쑥쑥 자라나는 세 아이들을 뒷바라지하기에 늘 부족했다. 어머니는 근검절약하는 생활이 몸에 밴 사람이었다. 지난해의 달력을 버리지 않고 모아 두었다가 희디흰 뒷면으로 신학기에 아이들이 새로 받아 온 교과서의 표지를 싸고, 모나미 볼펜 껍데기를 잘라 뭉툭해진 몽당연필 끝에 끼워 쓰는 일 같은 것은 자연스러운 일상의 풍경이었다.

　일 년에 서너 번 온 가족이 함께 외출하는 주말도 있었다. 행선지는 늘 동네 근처의 돼지갈비 집이나 중국 음식점이었다. 아버지는 음식이 나오기 전에 소주를 시켰고 아이들을 위해서는 사이다 한 병을 주문해 주었다. 다 마신대도 절대로 한 병 이상은 시킬 수 없었으므로 남자는 동생들의 몫과 똑같이 분배된 달착지근한 탄산음료를 혀끝으로 아껴 마셨다.

　혀끝에 가만히 대고만 있어도 닳아가는 것처럼 아쉬운 느낌을 남자는 한 여자를 만나고서야 다시 알게 되었다. 아버지의 뒤를 이어 공무원이 되는 것이 그 전까지 남자의 장래 희망이었다.

돌아보면 지금껏 비겁하기만 했다.
아무것도 선택하지 않음으로써
아무것도 망가뜨리지 않을 수 있다고 믿었다.
덧없는 틀 안에다 인생을 통째로 헌납하지 않을 권리,
익명의 자유를 비밀스레 뽐낼 권리가
제 손에 있는 줄만 알았다.

난 별로. 그런 삶 재미없잖아.

안정적인 것을 최고의 미덕으로 삼는 시대에 여자의 말은 몹시 신선하게 들렸다. 아마 다른 사람이 아니라 그 여자의 말이라 그랬을 것이다. 여자는 사진을 찍는 사람이 되고 싶다고 했다. 캐논 600d라는 이름의 검은색 카메라를 애지중지 어디든 들고 다니는 여자였다.

편의점이랑 햄버거집 알바 몇 달 치 모은 거야.

노동부 기준 최저 시급을 떠올리자 그는 목이 메었다.

꿈에 한 발자국 다가 선 기분이야.

여자는 세상에서 사진 찍기가 가장 좋고 그 다음으로는 여행이 좋다고 했다.

아, 아니다. 바꿔야겠어. 제일 좋은 건 여행 가서 사진 찍는 거라고.

여자의 말을 듣고 나서 남자는 조금 섭섭해졌다. 그럼 제 자리는 도무지 어디에 있다는 건가, 싶어서였을 게다. 어느 봄, 연분홍 벚꽃 잎이 난분분히 허공을 흩날리던 날에 여자가 슬그머니 무언가를 내밀었다. 무궁화호 티켓이었다. 도착지는 S시였다.

꼭 한번 타 보고 싶었어. 우리나라에서 가장 긴 시간 동안 선로 위를 달리는 열차래.

기차 안에서 그들은 찐 계란과 바나나를 까먹고, 이어폰을 한쪽 귀씩 나

뒤 끼고 성시경의 발라드를 나눠 들었고, 머리를 맞대고 조용히 졸기도 했다. 그들이 맨 먼저 향한 곳은 만(灣)이었다. 바다가 육지로 쑥 휘어져 들어간 곳. 봄의 절정에서 갈대를 베는 작업이 한창이었다. 일몰이었다. 해가 지는 드넓은 갯벌 위로 한쪽에선 성숙할 대로 성숙한 갈대들이 너울거리고, 또 한쪽에선 짧게 베어진 자리에 벌써 파릇한 새순이 돋아나고 있었다.

갈대는 봄에 베어야 예쁘게 자란대.

여자가 말했다. 여자는 쉬지 않고 렌즈를 바꾸고 셔터를 눌렀다. 그는 그런 여자의 모습을 지긋이 눈에 담았다. 그들이 함께한 첫 여행이었다.

다음 날, 돌아갈 때에 올 때와는 다르게 여자는 KTX를 타자고 했다. 무슨 이유에선지 조금 아쉽다는 생각이 들었지만 그는 항상 그래왔듯 여자의 의견에 동의했다. 그리고 계절이 몇 번 바뀌는 동안 그들은 두세 차례 더 여행을 했다. 여전히 여자는 정신없이 사진을 찍었고 남자는 여자를 물끄러미 지켜보았다.

남자는 준비하던 시험에 떨어졌다. 여자를 만난 뒤 공부에 열중하지 않았기 때문일 수도 있지만 아무래도 좋았다. 이제야 여자의 바람대로 덜 재미없는 삶을 살게 되었는지도 몰랐다. 참 이상하게 등이 홀가분해지는 것 같은 기분이 들었다. 여자는 남자의 전화를 받지 않았다. 한참 뒤 문자메시지가 왔다.

문득 나를 기습한
섬뜩한 느낌.
낯선 기시감에 대하여
어떻게 설명할 수 있을까.
머물 듯 머무르지
않은 것이
혹시 내 안의 시간은 아닐까.

아무래도 안 되겠어. 나는 더 자유롭게 살고 싶어.

그는 망연히 전화기를 들여다보았다. 띵동. 또 하나의 메시지였다.

혹시 오해할까봐서 덧붙이는데 시험 결과와는 아무 상관없어. 앞으론 좋은 일만 있길.

달리 갈 곳이 없었으므로 남자는 수험서가 산처럼 쌓인 고시원으로 돌아갔다. 몇 달 지나지 않아 여자에게 다른 사람이 생겼다는 소문이 들려왔다. 물론 소문이었으므로 진위는 알 수 없었다. 남자는 그 길로 짐을 챙겨 고시원을 나왔다. 여자의 표현을 빌려, 혹시 오해할까봐서 덧붙이자면, 여자의 탓 만은 아니었다. 남자는 닥치는 대로 일을 했다. 몸을 쓰는 일이면 아무거나 좋았다. 생각이라는 걸 할 수 있는 시간이 적으면 적을수록 좋았다. 우연히 전자상가에 갔다가 중고 카메라 파는 곳에서 여자의 것과 똑같은 것을 보았다. 판매직원이 비슷한 사양의 다른 카메라들을 진열장에서 꺼내들며 뭐라 설명하려고 했다.

아니 됐어요. 그냥 이걸로 주세요.

한손으로 들기에 제법 묵직했다. 전에 사용하던 사람의 흔적은 카메라 몸체 어디에도 남아 있지 않았다. 그것을 들고 갈 곳이 떠오르지 않았다. 그는 용산역으로 갔다. S행 KTX 열차에 빈 좌석이 있었다. 행운인지 아닌지 알 수가 없었다. 인생 대부분의 사건이 그렇듯이. 그는 무작정 거기 올라탔다.

S시에 도착하니 이미 날이 어둑어둑했다. 역 근처의 여관에서 하룻밤을 보냈다. 다음 날 아침 여관 주인이 관광을 왔느냐고 물었다. 그렇다고 했더니, 자동차를 가지고 왔느냐고 물었다. 아니라고 했더니, 그렇다면 저기 역 앞에 나가보라고 했다. 거기 가면 시티투어버스라는 게 있으니 그걸 타면 어렵지 않게 이곳 명소들을 다 돌아볼 수 있을 거라고 했다.

그렇게 남자는 시티투어버스 정류소인 관광안내소 앞을 혼자 어정거리고 있었다. 거기서 그 여자를 처음 보았다. 키가 훌쩍 크고 목덜미가 여위고 무명광목 이불홑청처럼 새하얀 운동화를 신은 여자였다.

혼자 오셨어요?

시티투어버스의 두 번째 경유지인 낙안읍성에서 앞서거니 뒤서거니 텅 빈 오솔길을 걷다가 남자가 물었다.

3

다른 사람들의 '처음'에 대해 기억하는 일만큼 신비로운 것을 나는 알지 못한다. 광활한 하늘에 총총 박힌 별들 중에 단 하나의 별, 그 별의 역사에 대해 나 혼자만 아는 것과 비슷한 느낌이라고 할까. S시에 다녀오고 몇 해가 흐른 뒤, B는 결혼을 했다. 상대는 시티투어버스에서 만난 남자였다. 그는 장신인 B보다 한 뼘이나 더 크고, 여윈 그녀의 등 정도는 아주 넉넉히 감싸 안을 수 있을 만큼 팔도 길었다. 남자가 공무원 임용 시험에 합격하자마자 올리는 예식이었다. 하객은 많지 않으나 다정한 결혼식이었다. 돌아가신 아버지 대신 남자의 팔짱을 끼고서 웨딩 카펫을 밟는 B의 자태가 너무도 고와서 나도 모르게 주르르 눈물이 흘렀다. 나도 참 주책이었다.

어느새 삼년 차 부부가 된 둘은 여전히 잘 지내고 있는 것 같다. 다들 어린 아이를 키우느라 정신없다보니 친구들끼리 예전처럼 사사로운 수다를 떨 여유도 없고, 약속 없이 밤에 깜짝쇼처럼 만나 술 한 잔을 나누는 것은 언감생심 꿈도 꿀 수 없는 먼 나라 얘기가 되어 버렸다. 그래도, 우리 관계가 시효를 다한 게 아닌가 불안하지 않고, 우정이 미덥게만 느껴지니 이상한 일이다.

어쩌다 이루어지는 통화에서 B가 간혹 남편 흉을 보기도 한다.

이제 갓난애도 아니고, 애 데리고 어디 나가서 사진이라도 찍어 줄만 한데 일요일이면 방구석에서 꼼짝을 안 해. 연애 때 그렇게 들이대던 카메라는 창고에 처박아 놓고.

야. 네가 몰라서 그래. 너무 돌아다니려고만 하는 남자도 힘들어.

나이가 들면서 어느 순간부터, 친구가 아니라 친구 남편 편을 드는 척 말하게 되었다. 이런 내가 의뭉스럽기도 하고 귀엽기도 하다.

하긴 그렇다더라.

B가 바로 꼬리를 내린다.

그럼. 이런 날씨에 애 데리고 나가 봐야 엄마만 고생해.

아무래도 그렇겠지? 걱정이야. 우리 다음 주말에 S시 여행 가기로 했는데. 아이 감기 안 걸리고 무사히 잘 다녀올 수 있으려나. 비가 올 것도 같다는데 하필 날을 잡아도 꼭 그래.

이것이! 전화는 결국 오랜만의 가족 나들이에 대한 자랑 비슷한 것으로 막을 내리려나 보았다. 아니, B는 나에게 동의하지 않을 것이다.

야, 진짜 자랑 아니고 불만이라니까.

친구야, 자랑이든 불만이든 그것과 그것, 이것과 저것이 또 뭐가 그렇게 다르겠니. 그것도 이것도 저것도, 인생이라는 커다란 들통 속에서 드글드

글 뒤섞인 채로 조금씩 졸여져 가는 것을. 친구야, 더 많이 사랑하고 더 많이 사랑 받아라. 그리고 감히 예상컨대 다음 주말, S시의 날씨는 아주 끝내주게 좋을 거야. 그곳에서 부디 마음껏 즐거워라.

현실에서 과연 완벽하게 쿨한 인간이 존재할까?
아무리 담담하고 무심한 척하려 애써 봐도
오욕칠정을 가진 인간으로 태어난 이상 인간은
기쁘고 아프고 슬프고 행복하다.
어떤 식으로든 서로에게 상처를 주고받기 마련이다.
외로워하면서도 소통하고 싶고,
소통을 원하면서도 두렵다.

눈도 꽃이 되고,
꽃도 눈이 된다.
갈대꽃에 눈이 내리는 순간
갈대꽃은 갈대눈꽃이 된다.
철새에게
갈대꽃은 밥이고 갈대밭은 보금자리가 된다.
무엇을 만나느냐 어떻게 쓰이느냐에 따라
우리는 꽃이 되기도 밥이 되기도 한다.
올 겨울 철새들은 아름다운 갈대눈꽃을 먹었겠지.

하늘이 맑다, 푸르다. 하지만 그런 날이 며칠이나 될까.
먹구름 몰려오고 천둥, 번개, 비로 가득한 날도
생각해 보면 다반사다.
그래도 그 어두운 하늘 속에서도
우리는 푸른 하늘을 상상할 수 있다.
내 눈과 마음이 그 푸름을 기억하고 있기 때문이다.

침묵은 밖을 바라보았던 나의 관심을 안으로 돌린다.
침묵은 내 안에서 부는 바람소리를 들을 수 있게 한다.

시베리아에서 이곳 순천만까지 날아오는 흑두루미.
얼마나 간절하면 수천 킬로미터를 날게 할까.
그래.
간절함이 날게 한다.
간절함이 버티게 한다.
그리고 그 간절함이 꿈을 만든다.

순간의 정지.
눈이 내린 하얀 순천만의 하늘 위로 철새 한 마리가
아무런 움직임 없이 세상이 멈춘 듯 그렇게 멈춰
있다.
금방이라도 떨어질 듯 불안하다.
황급히 앵글을 돌린다.
다시 새가 난다.
누구의 눈에는 저 새처럼 나도 멈춰 보일려나.
그래도 앵글 밖의 나는 여전히 날고 있을 것이다.

수묵 水墨 정원

장석남의 S모놀로그

水墨정원
— 序

날이 새고 보니 水墨의
어느 정원 속이었다
안개가 돌을 감고 있었다

지나간 밤들 속에서 별을 관찰하던
자리였을까?

누가 살던 집인지
둥그렇게 집터가 있고
웃자란 나무들 하늘로 뻗쳤다

사금파리 흩어진
마른 개울 속에 침묵이
콸콸콸콸 흐르고 있었다

마른 노래를

물에 풀며

있었다

무명실 같은

노래를

저절로 나오는 노래는

속에서 누가 부르는 노래일까

눈 감았다 떠도 다시

수묵의 정원 속이었다

水墨정원 1
― 江

먼 길을 가기 위해

길을 나섰다

강가에 이르렀다

강을 건널 수가 없었다

버드나무 곁에서 살았다

겨울이 되자 물이 얼었다

언 물을 건너갔다

다 건너자 물이 녹았다

되돌아보니 찬란한 햇빛 속에

두고 온 것이 있었다

그렇게 하지 말았어야 했다

다시 버드나무 곁에서 살았다

아이가 벌써 둘이라고 했다

水墨 정원 2
— 마른 시냇가

마른 시냇가에 서서
지난 어느 시간

내가 보았던 구름의
자국을 찾아본다

마른 시냇가에 앉아서
한때 구름이었던 데를 만져본다

병상에서
어머니의 정강이를 만져보듯
깡마른 정강이를 만져보듯

水墨 정원 3
— 물 긷는 사람

물桶 하나 들고 가는 사람

물桶 하나 머리에 이고 가는 사람

물桶 지고 가는 사람

물 길으며 길바닥에 흘린 물자국

물 출렁이는 소리

桶에 바가지 부딪는 소리

젖는 쑥대궁들

물桶, 물항아리에 쏟는 소리

물항아리에

물 차오르면

어룽대는 물의 빛

고개 갸웃 하면 물 속에서 우러나오는,
사람의 가슴에도 그런 윤기 같은 게 있을 뿐
우리의 가장 나중까지 지녀야 할
가난의 寶庫

물桶 하나 지고 가며

흘리는 물자국
물항아리에 물 차오르면
거기에 살러 오는
물 위의 윤기 같은 거
우리가 매양
마음의 양식이라고 부르는 것
물항아리 속 물의 빛

水墨 정원 4
— 北斗七星

삶은 저렇듯 명료한 것도 아니니

너에게 하는 말은,

말도

우물 속에다 하는 말처럼

울음도

우물에 빠치는 울음처럼

너에게 하는 말처럼

걸어내려가는 길

무릎이 시려지는 걸음

그래서 차츰

蕭瑟히 희미해지는 걸음

水墨 정원 5
— 물의 길

바다에 나가는 수많은 길들 중에 내가 택한 길은

작은 냇물을 따라가는 길이었네

내가 닿는 바다는 노인처럼 모로 누운 해안선의 한모퉁이였네

나를 내려놓고 길은 바닷속으로 잠겨들어가버리곤 했네

그러면 나는 두리번거리다가 그만 어둠이 되곤 했네

어둠을 이고 서 있는 소나무가 되어버리곤 했네

누군가 왜 그런 길을 택했느냐고 물은 적이 있었네

발을 다치지 않으려고 그렇게 했다고 대답했지만

그것이 대답이 될 수는 없다네

누군가 더 묻지 않은 것 참 다행이네

水墨 정원 6
— 暮色

귀똘이들이
별의 운행을 맡아가지고는
수고로운 저녁입니다.
가끔 단추처럼 핑글
떨어지는 별도
있습니다

水墨 정원 7
— 우리는 늙으면

우리는 늙으면

저녁별을 주로 보게 될 것이다

우리는 늙으면

문턱에 앉아서 부는

바람도 느껴볼 것이다

우리는 늙으면 매일

저녁별 보는 것을 잊지 않을 것이다

보이지 않는 날도 잊지 않을 것이다

우리는 늙으면

늙음 끝까지 신작로를

바라보고 창문 아래에

앉아서

저녁별을 볼 것이다

그리고 먼지로 바뀌게 되는 것이다

水墨 정원 8

— 대숲

해가 떠서는 대숲으로 들어가고
또 파란 달이 떠서는 대숲으로 들어가고
대숲은 그것들을 다 어쨌을까
밤새 수런수런대며 그것들을 어쨌을까
싯푸른 빛으로만 만들어서
먼데 애달픈 이의 새벽꿈으로도 보내는가

대숲을 걸어나온 길 하나는
둥실둥실 흰 옷고름처럼 마을을 질러 흘러간다

水墨 정원 9
— 번짐

번짐,
목련꽃은 번져 사라지고
여름이 되고
너는 내게로
번져 어느덧 내가 되고
나는 다시 네게로 번진다

번짐,
번져야 살지
꽃은 번져 열매가 되고
여름은 번져 가을이 된다

번짐,

음악은 번져 그림이 되고

삶은 번져 죽음이 된다

죽음은 그러므로 번져서

이 삶을 다 환히 밝힌다

또 한번―저녁은 번져 밤이 된다

번짐,

번져야 사랑이지

산기슭의 오두막 한 채 번져서

봄 나비 한 마리 날아온다

박덕수의 S모놀로그

밀물이 있으면 썰물이 있다.
밤이 있으면 낮이 있다.
달이 있으면 해가 있다.
음이 있으면 양이 있다.
남자가 있으면 여자가 있다.
세상은 반대되는 것이 하나가 될 때 움직인다.
정반대에 있는 것이 적이 아니라는 것을 알게 한다.
나를 움직이게 하는 것은
나와 정반대에 있는 것임을 알게 한다.

묵도默禱,
한 철새의 꿈은
여기서 끝난 것이 아니다.
그가 뿌린 생명의 씨앗들이
오늘도 순천만 하늘을
덮고 있으니.

노동이라는 것이 아름답다는 건,
당사자가 아닌 보는 제삼자에 의한 미화다.
노동이라는 것이 숭고하다는 건,
현실의 고통이 아닌 가치의 아름다움이다.
그러나 당사자에게도 제삼자에게도
고통이 있던 가치가 얼마이건
노동은 그 자체로 순수하다.

바닷물에 든 소금은 고작 3퍼센트에 불과하다.
3퍼센트의 소금이 바다를 썩지 않게 하고 정화시킨다.
순천만 자연 생태계 보전이 3퍼센트의
힘에서 시작되었다.
갯벌 생명의 활동이, 철새의 월동이 활발할수록
사람들의 발길이 잦아진다.
순천만은 살아 숨쉰다.

참 볼품없다. 인간의 기준이다.
참 아름답다. 자연의 기준이다.
순간에 뭍이 되고 순간에 바다가 되는
그 아슬아슬한 경계에서
불평없이 잘 살아 준 삶이
그토록 참 아름답다.

밀물이 집을 밀고 지나가도 물이 빠지면
칠게는 다시 집을 짓는다.
절망의 순간, 추한 순간을 이겨낸다.
받아들이기 그리고 무너지지 않는 긍정의 힘.
칠게는 그렇게
하루 한 번, 일 년 365번 새 집을 짓는다.

침묵할 때 내 안에서 일어나는 수많은 생각의 고개들을
만날 수 있다. 이야기를 해야 일어난 고개들 중에 내게
필요한 것을 골라낼 수 있다.
침묵이 먼저고 이야기가 나중은 아니다.
그렇다고 이야기가 먼저고 침묵이 나중이라는 말도
아니다.
두 눈처럼, 두 팔처럼, 두 다리처럼
이 둘이 함께 있어야 한다.

거기
내가 잃어 버린 것들이
살아있다

신달자의 S모놀로그

어쩌면 나는 불행하지 않았을 것이다. 이 세상에 절체절명으로 불행한 일은 없다.
사람들은 아직 벗어날 방도가 있는데도 너무 일찍 절망하는지 모른다.
인간은 희망에 속는 일보다 절망에 속은 일이 더 많다. 내가 그랬다.

너무 빨리 불행하다고 외쳐 버렸는지 모른다. 그러고는 지쳐 쓰러지고 희망이 없다고 단정했는지 모른다. 나는 지금 행복하다. 어느 현자는 말했다. 모든 것이 고요하고 마음이 편안할 때 그것이 지고의 경지라고. 그래. 나는 지금 물처럼 편안하고 고요하다.

시간에 허기지다

　순천만은 송두리째 모두 너울이다. 정지되어 있는 것은 없다. 어느 곳에 시선을 준다 해도 그것은 숨 쉬며 너울너울 살아 있다. 순천만의 어깨를 들먹거리거나 시간의 어깨를 들먹거리거나 하여튼 뭔가 넘실거린다.

　나는 그것을 시간의 물결이라고 부른다. 속내의 무늬를 그리며 너울거리는 그 결의 아름다움은 종일 바라보아도 질리지 않는다.

　나는 성급하게 그 너울의 신비에 시심을 찾아내려고 시선에 힘을 주어서 나를 그 가장자리로 끌어가려고 안간힘을 쓰는데 그 욕심 사이 너울은 다시 멀리 가 버린다. 흐릿하다. 흐릿하게 멀어진다. 마음은 급해진다.

　뭐든 그곳에서 혹은 그에게서 뭔가 얻어 내려고 한다. 나는… 속을 텅 비우고 그냥 무심히 바라보는 일에 나는 서툴다. 내가 늘 아름다움 앞에서 비련에 물들어 있는 것은 나는 계산하는 데 길들여 있기 때문이다. 아름다움, 한 마리의 기러기에도 뭘 얻어 내려는 계산이 있다. 그렇지 않고서야 왜 내가 거기 가 서 있겠는가. 나는 나의 시간을 계산한다.

　나는 나의 노동 나의 즐거움 나의 시간 나의 의도를 계산한다. 그렇게 투자의 결과를 얻어 내려는 속내가 나를 어지럽게 한다.

우리는 과거도 미래도 계산하지 않고
우리는 우리의 오늘을 살 뿐이다.
남들이 어떻게 살고 있는지는 전혀 중요하지 않다.
내가 할 수 있을까 자신을 폄하하지도 말자.
이미 늦었다고 절대 단정하지 말자.

한 사람이 한 생애를 살아내면서
몇 번이나 길을 잃으며 사는 것일까요.
한 번도 길을 잃어본 적이 없는 사람이 있기는 할까요,
그렇다면 그 사람은 길을 찾는 법에도 서툴거라 말해도 될지 모르겠습니다.
그렇다고 해도 조금은 세상 사는 일에 서툴고 마음이 안 놓여도
그런대로 불편 없이 잘 살아갈 수만 있다면
억척스럽지 않고 부드러운 삶이라는 생각이 듭니다.

실은 투자의 무게는 통렬히 부끄러운 수준이다. 그래서 그 무게를 무겁게 하려고? 그걸 기점으로 새로운 발화점을 찾으려고? 1초의 시간에 길들여진 계산이 너울을 만든다. 행위의 조급함인가. 그 어줍잖은 것들은 결국 다시 나를 슬픔으로 내 몬다. 아무것도 바라지 않고 그래 아무것도 얻으려 하지 않고 그냥 무심히 시간을 바라보며 시간 속에 있는 아름다움에 길들자.

왜 이것은 이토록 어려운 일인가. 순천만은 고개를 끄덕인다. 아니 그것은 말하고 있다. 무한정으로 말을 걸어온다. 내가 시큰둥 고개를 비켜도 내 귓등으로 내 어깨 너머로 내 등 뒤로도 말을 걸어온다. 내 대답은 시간이 정해져 있지 않다.

밥 먹다가도 누가 징그럽게도 보고 싶을 때도 꽃잎 하나를 띄우고 차를 마시고 싶을 때도 잠자다가도 불쑥 나는 대답한다.

나는 너를 바라보다가도 기막히게 너를 그리워하고 창자가 비틀어지는 허기를 느낀다. 나는, 사람들은, 많은 사람들은 시간 속에 살면서 시간을 그리워한다. 우리가 늘 우울한 것은 안개 속을 비집고 거닌다고 생각하는 것은 확실성 없는 회색 느낌 때문이다. 현실을 이해하지 못하고 나를 의식하지 못하고 내가 존재하는 위치조차 분간할 수 없는 난항을 겪고 있으므로 우리는 시간 안에서 시간을 바라볼 수 없고 시간을 그리워하면서 시간을 다 써 버리는 것이다. 시간은 부패하는 것이 아니라 증발하는 것임을 모르고 있는 것일까.

증발하여 구름이 되어 비가 되어 내리는 것은 아닐까. 그래, 비 비 비 비가 되어 전라도의 땅을 적시고 갯벌을 갈대를 바다를 사람을 그리고 시간을 적시고 있는 것이지.

시간의 풍성함. 시간 안에 몸을 풍덩 담그고 시간을 그리워한다. 시간이 없다고… 왜 이리 시간이 부족하느냐고… 늘 시간 안에 존재하지 않았던가. 그런데 왜 시간을 그리워하고 시간에 허기져 살았던 것일까.

늘 등 떠밀렸다. 누가 밀었을까. 누가 나를 앞으로 앞으로 가라고 등을 떠밀었을까. 유치원 학생들이 두 손을 뻗고 앞으로 앞으로를 외치는 듯 그렇게 앞으로 갔다. 옆의 비경도 뒤의 비경도 위의 비경도 아래의 비경도 다 놓쳐 버렸다. 그 놓쳐버린 것에 시간이 허물어져 갔다.

적어도 생명으로 숨 쉬다가 내가 본 것, 내가 느낀 것, 내가 기록했던 것, 그것은 시간을 번 것이다. 놓쳐 버린 것은 시간이 아니다. 흘러간 배설물이다.

과연 시간은 어디 있는 것인가.

오늘 저 고요히 너울거리는 순천만에서 참으로 신기하게 시간을 본다. 아니 시간을 만난다.

그간 바쁘다고 아프다고 뭐가 잘 안 된다고 뭐가 잘 안 풀린다고 자기 안에서 주먹질을 하며 시간을 상처내며 시간을 우락부락하며 살았다. 어루만지지 못했다. 키스하지 못했다. 시간을 얼싸안지 못했다. 나에게 주어진 시간을 사랑하지 못했다.

그렇다. 그래서 순천만을 온다. 그래서 순천만이 가슴안으로 들어온다. 시간을 고요히 끌고서 내 안으로 들어 온다. 시간이 시간이 되어서 나에게로 들어 온다. 촉촉하게 차지도 뜨겁지도 않아서 내 안으로 잘 스며든다.

그렇다. 시간이 된다. 나는 시간 안에서 시간이 된다. 느낀다. 이것이 나의 진심이었다. 내가 바라는 시간의 황홀이었다. 나는 나를 배반하고 내가 사랑하는 쪽으로 가지 못했다. 그것은 가장 진솔한 내 시간을 거슬리는 것이었다.

나의 사랑 시간이여! 미안하다.

나의 본성은 어디에 있거나 나와 연관되어 있다. 내가 부르면 대답한다. 그곳이 순천만이어도 말이다. 내가 존재하는 곳, 내가 흘러 스며가는 곳, 거기에 내 본성이 살아 있다. 그것이야말로 나다. 순천만 물 위에 하늘 위에 늪 위에 오늘 나의 본성이 푸른 소리를 낸다. 내가 도시에 살 때도 그것은 그쪽으로 흘러가 존재한 것이다.

누군가가 그 본성을 찰칵했다. 그 순간 내가 태어난다. 그 순간 내 본성이

가슴을 펴며 일어서며 외친다. 존재 증명이다.

찰칵… 찰칵… 그 순간마다 누군가의 본성이 이름을 듣고 깨어난다. 그리고 하나의 우주를 복사한다. 아니 그 자체가 우주가 되는 것이다.

하나의 세계가 출렁거리고 생명이 더불어 흥겨워지고 그 안의 세계를 집중하여 바라보게 한다.

바라본다는 것. 그 하나의 사실에서 시간은 무한정 새로 태어나고 새로히 역사한다.

바라보라, 여기 순천만의 몸에 시간이 태어나고 있다.

신음하지 않고 피 흘리지 않고 사뭇 경건하게 고요히 아름다움으로 간절히 진심으로 시간이 태어나는 것을 본다. 시간은 태어나 생명이 된다. 다른 모든 곳에는 시간이 없고 오직 순천만에서만 지금 시간이 태어나고 살아 있는 것이다.

그래서 이 시간을 여명이라고 하자. 새벽이 태어나고 여명이 온 누리에 퍼지고 그래서 하루가 영험하게 시작하는 시간, 순천만은 이 세계를 품고 우주에 분명히 떠오른다. 가슴 떨린다. 푸르른 시간이 오염되지 않는 시간이 솟아오른다.

그리고 푸른 여명이 붉은 출발로 변한다. 그 무섭고도 웅장한 변화, 그 시간에 나는 순천만에 있다.

오랜만에 눈을 뜨고 참으로 기이하고 기적적으로 나는 시간을 어루만지며 시간으로 뜨겁게 서 있다.

외로움에 허기지다

외로움을 아는가. 외로움이 무엇인지 아는가. 저기 와온의 해가 붉은 그림자를 드리우고 두레박처럼 속도 있게 흘러내린다. 그 시간, 바로 그 시간 외로움은 번식한다. 퍼진다. 순천만 그 어디에 발을 내리고 있다 하더라도 외로움은 살아난다.

붉은 노을의 입자까지 녹아들고 어둠이 서서히 발을 들여 놓는 시각, 수면 위에 아련히 낮은 산자락의 그림자가 내리고 하늘이 구름을 무늬처럼 온몸에 이끌고 수면 위에 어른거린다.

그런 순간 찰칵, 순천만이 태어나고 순천만의 한 혈흔이 찍히고 사람의 가슴에 탕, 전율이 흐른다.

인간처럼 다리 사이의 피로 태어나지 않는다. 외로움은 바로 그 피의 격렬한 태양의 호흡이 멈추면서 온몸의 사고가 액체로 흘러내리듯 외로움이 퍼진다.

외로움이 둘레를 휩싼다. 목이 조인다. 온몸이 좋아 붙는다. 아프다. 외로움은 아픈 것이다. 통증이 퍼진다. 그 외로움의 통증을 아는가.

하루가 저물었다. 하루가 저물었다고 지는 해가 말해 준다. 나는 가야한다고 지는 해가 말한다. 하루가 저물었다고… 외로움은 시간의 변화에서 늘 그 존재를 증명하곤 했다. 밤이 여명으로 여명이 새벽으로 새벽이 아침으로 그래서 그 하루가 저물고 와온의 해가 몸서리치게 붉게 멀어져 가는 저녁답에 외로움은 미친 듯 소리친다. 그러고 보면 외로움은 두려운 시간에 너무 아름다워 살에 푸르른 가시가 솟을 때 기성을 부린다. 살을 파먹는 벌레처럼 외로움은 가슴을 파먹는다. 그 소리 참 아팠다.

너무 아름다울 때를 나는 거부한다. 찬연히 하늘 한쪽이 붉은 노을로 광기를 나타낼 때 나는 눈을 감는다. 그래 도무지 그 처절한 아름다움을 나 혼자 어떻게 바라보라고. 혼자라는 존재를 혼자라는 사실을 혼자라는 명징한 현실을 더 부추기고 울게 하는 처절한 아름다움에 나는 눈을 감는다.

찰칵, 그것은 잔인하다. 그렇다. 사진작가들은 잔인하다. 가장 절정의 아름다운 풍경. 더는 바라볼 수 없는 처절한 아름다움을 영원히 남기려 한다.

외로워서? 찰칵하는 순간에 자신을 무화하려고? 남기려고? 어디에 왜? 나는 눈을 감고 생각한다.

사랑이 없는 사람은 고독이 없는 사람이다.
그리움, 기다림, 함께 더불어 만나고 누리고자 하는
구애의 불꽃이 없는 사람은 결코 고독도 모르는 사람이다.
고독은 홀로 있으나 홀로 거부하고, 홀로 있으나 온몸으로 누군가를
부르고 찾고 있는 사람에게 고독의 존재는 당당해지는 것이다.
그러나
고독한 순간에 인간은 진실되고
고독한 순간에 내적 성숙을 가져온다.

자연 속으로 자기를 묻으려고? 아니, 그 풍경으로 영원하려고? 그래서 나는 사진을 본다. 의문을 풀려고. 아니다. 사랑하려고, 그 순간을 만져 보려고.

그런데 나는 지금 외로움에 휩싸여 외로움을 그리워한다. 외로워하면서 나는 통 그 외로움의 치유에 대해 노력하지 않았다.

외로움을 피할 생각이 없었다. 외로움 안으로 스며들다가 외로움 속으로 파고들다가 결국 외로움의 근육은 무디어 그 외로움이 무엇인지 모른다. 그래서 외로움은 백색으로 하얗게 퍼지고 눈부시고 쓰러진다. 그런 순간에 순천만은 보인다.

순천만아! 나는 순천만의 발가락 하나인가 아니면 손가락 하나인가. 바람 한 가닥 붙어 내 머리끝이 윙윙 울리고 손끝이 울리는 것을 보면 안다. 순천만이 내 안에 살고 있었겠다.

그리움이 작은 우물처럼 고여 있었겠다. 고이다가 고이다가 우물이 되었을지 모른다. 그래, 그렇게 살아왔다. 외로움을 불러들이며 외로움의 그늘을 늘리며 살아왔다. 그러니 여기 외로움이 출렁거리지 않는가.

저 순천만의 고요한 늪을 보라. 저 하늘을 보라. 저 갯벌 가운데 오솔길을 보라. 그 오솔길 끝에 작은 섬의 떨림을 보라. 그 위의 하늘 그림자를 보라. 그것들이 모두 하나의 떨림으로 바람에 나부낀다.

저런 풍경에는 정신이 있다. 예술은 풍경에 정신을 불어넣는 것 아닌가.

내가 생명인지, 풍경이 생명인지, 누가 사람인지 분간이 어렵다. 누구의 정신이 정신인가. 나는 바라본다는 축복 안에서 그 풍경의 정신을 읽는다.

온몸에 무엇인가 속삭이는 것이 있다. 나는 움직일 수가 없다. 나는 말할 수도 없다. 나는 어쩌지 못한다. 그렇다고 고요히 서 있을 수도 없다. 저런 아름다움 앞에서 내가 무얼 어찌할 수 있겠는가. 갑자기 손목 쥔 두 손에 힘이 풀리며 나는 주저앉는다.

저 새들을 보라.

저것은 신이 하늘에 새긴 신비한 문자들이다. 나는 저것을 무엇이라고 읽어 내야 하나. 어떤 문자는 움직인다. 몸을 거꾸로 하며 나는 문자도 있다.

신은 무엇을 말하고 싶었을까. 인간은 얼마나 읽어 내나. 제아무리 문자를 날려도 알아듣지 못하는 인간들이 불쌍해 새들은 공중에서 온몸을 다해 대대로 혈통을 다해 말하고 있는 것은 아닐까.

아름답다. 저 의문들이 아름답다. 나는 것들의 외로움을 걷는 인간들이 바라보면서 딱 그만큼 걷는 만큼만 나는 것에 대해 생각한다. 그것을 한계라고 말하지 않던가.

인간은 자기만큼 본다. 그래서 새들이 왜 그 작은 날개로 그토록 오래 멀리 나는 것인지 알지 못한다.

우리에게는 능력이 있다.
아무도 모르게
잠재되어 지하 에너지로
묻혀 있는 재능을
우리가 스스로
밟았는지 모른다.
자신의 재능을
읽지 못한 사람은
바로
우리 자신들이다.

그냥 "저기 새가 있다."라고 말하고 있다. " 어머! 저 새들 좀 봐!'라고 말하기도 한다. 존재만 본다. 있는 것만 본다. 왜 신은 저 작은 것들이 작은 날개로 공중을 날게 했는지 모르겠다. 그 작은 몸으로 사랑을 하고 새끼를 낳고 가족을 이끄는 새의 가장과 어미새를 만들었는지 모르겠다.

그 눈엽 같은 새잎 같은 눈물겨운 새끼들이 자라서 다시 어미새와 아빠새가 되고 먹이를 보는 눈을 키워 가는 일은 슬프고도 아름답다. 거기 나도 나부낀다.

저 새들을 보라. 질서 있고 통일성이 있고 가족애가 눈부신 저 새들이 나는 것을 보라. 인간은 좀 더 공동체의 사랑을 배워야 할 것 같다. 희생을, 자리를 내어 주는 양보심을 배워야겠다.

왜 새들이 저녁답 우르르 나는 것을 보면 슬퍼지나. 시선을 돌린다. 거기나도 나부낀다. 깃발처럼 찢어진다. 외로움이 찢어진다. 와온의 해는 이미저물었고 하늘 끝은 어두운데 떨림은 격렬하고 바람은 외로움으로 찢긴다. 피 흘리는 나의 외로움을 보라.

새가 허공을 날고 있다. 저것은 신의 악보라고 누가 말했었다. 신이 그려 놓은 악보. 움직이면서 인간들에게 따라 부르게 한 음악이었는지도 모른다. 왜 저 작고 날개가 있는 새들을 만들었겠는가. 하늘을 보라고. 힘겨울 때 가만히 서서 하늘을 바라보라고. 그러면서 어깨를 들먹거려 보라고.

노래를 따라 부르라고. 힘 내라고. 신은 움직이는 악보를 하늘 허공에 두었다. 자, 그것을 단지 '새'라고 말하겠는가.

찰칵찰칵, 누군가가 한순간을 잡았다. 거꾸로 된 악보. 찢어지게 날개를 편 악보. 너울거림으로 묵상하는 악보. 어떤 날개는 뒤집어 있고 어떤 날개는 땅을 어떤 날개는 하늘을. 하나하나의 악보가 다 살아서 움직이는 저 찬란한 음악이, 그런 음악이, 생명이, 꿈틀거리는 음악이, 순천만에는 있다.

높이 조금 낮게 그대로 고요히 침잠하라. 그리고 조금 높이 그리고 조금 더 낮게 그래 그대로 더 낮게 아니 더 높게 다시 높게 더 높게 날개들은 지상의 높이 그 허공 위에서 온몸으로 악보를 그린다. 결코 흔적을 남지 않게 딱 한순간에 자신들의 소리를 그린다. 자 인간들이여! 어느 정도를 듣느냐, 보라.

바라보라. 입은 닫고 눈만 뜨라. 그러면 이 지상에 반드시 우리가 들어야 할 음악이 노래가 찬미가 들려온다. 제아무리 귀를 막아도 들리는 노래의 찬미가가 있다.

순천만을 보라. 어디에 서더라도 보인다. 와온의 해가 막 지려는 순간에 가슴이 쿵 울리며 미친 듯 날벼락처럼 붉은 피가 낭자한 그쪽으로 서서히 나는 새들의 악보.

그것은 신이 아니면 만들지 못한다. 이 세상에 가장 뛰어난 인간이 찰칵,

그 순간의 예술을 붙잡는다.

새들의 날갯짓은 그래서 신이 우리에게 남기는 문자다. 누가 해석하는가. 누가 알아 듣는가. 기도를 하고 찬송을 불러대도 진솔한 자신의 진실에서 얼마나 터진 외마디인가.

얼마나 뼛속까지 내려가 진실을 외친 외마디인가. 그냥 새라고 부르지 마라. 그것은 엄밀히 신이 우리에게 내리는 질문서이다.

자, 나는 무엇이라고 답할 것인가, 그것이 내 생의 진실이다. 순천만은 안다. 내가 정직해지는 만큼 그 답을 쓸 수 있다라고.

모두가 '나'를 만나는 일이다. 나를 만나자. 나를 만나 어루만져 주자. 들어가 보라. 새가 나는 심안의 심연으로 들어선다. 또 하나의 풍경이 나를 이끈다. 여기 좀 와 보라고. 익숙한 곳이다. 내 눈물이 아직 마르지 않은 곳, 갯벌.

갯벌 가운데 오솔길. 아니 저것은 만나지 못하는 영혼들의 배암. 어디론가 흐르지 못해 온몸으로 미끄러지고 있는 영영 만날 수 없는 혼의 배암이다.

저 갯벌. 외로움. 사람들이 외로움을 지고 와 쏟아 놓은 외로움의 뭉치들. 살도 피도 뼈도 아닌 뭉치들. 저것들이 다져지고 다져져서 갯벌로 태어나는 곳.

거기 한바탕 벙어리 냉가슴이 울고 있는 곳. 외로움은 길이 아니다. 그런데 왜 저 갯벌 가운데 오솔길에 누워 있는가.

오지 않을 사람이 있다. 영영 오지 않을 사람이 있다. 그 오지 않을 사람이 그리우면 사람들은 순천만을 온다. 순천만에는 오지 않을 사람이 오는 곳이 아니지만 오지 않아도 만날 수 있는 곳이라고 생각이 든다. 아, 그래서 순천만은 외로움을 건지는 곳이다.

나 없이도 내 외로움이 사는 곳. 울지 않고 잘 견디며 아름다워지려고 침묵하는 나의 외로움이여!

오늘 나는 그 외로움을 건지며 순천만의 목을 껴안는다. 더러는 순천만의 갈대가 나였던 때가 많았으니 순천만에는 내가 산다. 외로운 내가 산다.

외로움을 돌보지 못한 내 나태함. 내 외로움은 그 나태함의 산물이다. 아니 좀 더 내가 부지런했더라도 이 외로움은 운명적으로 내 것이었을지 모른다.

그런데 나는 외롭다 외롭다 하면서 그 외로움을 변화시키는 일에 무디고 느렸다.

사람은 다 떠나보냈다. 없다. 그래 인간이라고 그림자 한쪽이 없다. 금 간 바가지 하나도 없는 듯하다.

흘렀다. 사랑도 사람도 흘러갔다. 강물이 아닌가. 부딪치는 인연은 다 강물이다. 강물이 흐른다면 멈추는 것은 없다. 그러니 사람은 가는 것이다.

나는 열심히 살았고, 열정을 잃지 않았고,
무너진 산에 깔려 있으면서도 사랑을 믿었고, 내일을 믿었다.

하느님을 알게 되었으며 축복을 받았고,
딸들을 얻었으며 무엇이 가족 사랑인지 알았고,
국가나 세계가 강해져야만 하는 것처럼 어머니는 강해야 한다는 것을 알았다.

내게 영원히 싸우고 사랑할 것은 삶이라는 것을 알았고
그리고 아름다운 일상생활이 중요하다는 것을,
삶을 꼼꼼하게 살아야겠다는 것을 알고,
주변과 다사로운 풍요한 삶이 중요하다는 것을 알았고,
남들과 함께 살아야 한다는 것을 알았다.

시간이 그러지 않던가. 내게 멈추어 주는 시간이 있던가. 그 시간을 얼싸안고 내가 무엇인가를 아는 척하면 시간은 잠시 내 것이었던 것이다. 그리고 다시 흐르고 그리고 또 과거를 만든다.

미래는 보자기에 가려 있고, 현재는 멍청하고, 과거는 깊어진다. 이 모든 시간적 제약을 외로움은 뛰어 넘을 것이다. 외로움은 몸서리치는 에너지다. 그 시간만큼 외로움은 무궁하고 건재하므로.

산이 가랑이 사이로 해를 밀어 넣을 때
어두워진 바다가 잦아들면서
지는 해를 품을 때
종일 달구어진 검은 뻘 흙이
해를 깊이 안아 허방처럼 빛나는 순간을 가질 때

해는 하나이면서 셋, 셋이면서 하나

도솔가를 부르던 월명노인아
여기 해가 셋이나 떴으니 노래를 불러다오

뻘 속에 든 해를 조금만 더 머물게 해다오

저녁마다 일몰을 보고 살아온

와온 사람들은 노래를 부르지 않는다

떨기 꽃을 꺾어 바치지 않아도

세 개의 해가 곧 사라진다는 것을 알기에

찬란한 해도 하루에 한 번은

짠물과 뻘 흙에 담근다는 것을 알기에

쪼개져도 둥근 수레바퀴

짜디짠 내 눈동자에도 들어와 있다

마침내 수레바퀴가 삐걱거리며 굴러가기 시작한다

와온 사람들아

저 해를 오늘은 내가 훔쳐간다

나희덕 시인의 「와온에서」 를 떠올린다.

묵상에 허기지다

아름다움에 허기지다(2007년 1월 31일에 〈창비〉 발간)는 시인 박형준의 에세이 제목이다. 아름다움에 허기지다가 아니라 아름다움에, 눈물에 안기게 하는 책이다.

나는 이번에 '허기지다'라는 말을 박형준에게서 가져왔다.

왜냐하면 나는 모든 것에 허기져 있었으므로 그 형용사가 내 가슴에 박혀 왔다.

아름다움에, 시에, 사람에 허기져 있었으므로. 그러나 '허기지다'는 '없다'와 다르다. 있는데 볼 수 없는 눈 뜬 봉사의 시선처럼 너무 메마르고 딱딱하게 굳어 있다는 의미인지 모른다.

찾지도 않았고 가지도 않았고 생각하지도 않으면서 무턱대고 없다라고, 아예 있지 않다고 배고프다고 허기지다라고 나는 말해 왔는지 모른다.

그리움은 푸른 불꽃으로 타는데, 그 푸른 불꽃을 품고 있었는데, 그래서 '허기지다'는 화살처럼 내게 박혔던 것이다.

원래는 그렇다. '노력에 허기지다'가 맞다. 나는 너무 어수선했고 사고 정리가 미흡했다. 그래서 갔고 그래서 왔다. 순천만이다.

나는 왔다. 순천만의 땅을 밟는다. 우르르, 순천만이 팔을 내민다. 갈대가, 뻘이, 하늘이, 새들이, 우르르 손을 뻗는다.

내가 알면 저들도 안다. 나는 그래서 갔고 그래서 만났다. 무엇을 하려고. 묵상… 묵상… 묵상… 사실 고백컨대 나는 묵상에 허기져 있었다.

시간 위를 얼음 위를 걷듯이 위태롭게 뛰었다. 그것이 최선이라고 말하면서 말이다. 그런데 그것이 최선이었을까. 부실한 몸, 부실한 사고를 과도하게 움직이면서 최선이라고, 잘하고 있다고. 성실하다고 자위하면서, 그러다가 나는 무력해졌고 최선을 상실해 버리지는 않았을까.

그것은 순전히 내 본성을 취약하게 만드는 결과를 가져왔을 것이다. 묵상 결여였다.

그래서 자신에 대한 그리움까지 무력하게 만들어 어느 것이 나를 위한 것인지 진정하게 내가 해야 할 것이 무엇인지 분별이 어려웠는지 모른다.

나는 순천만에 왔다. 한 남자가 웃고 있고 한 여자가 찰칵, 누른다. 어디에 중심이 있었을까. 이 웃고 있는 이들도 그리움을 찾아왔을 것이다. 자기 안에 그리움이 어디를 향해 있는지 더듬거리며 순천만에 당도했을 것이다.

그리움이 거기 있었던가.

두 사람이 사흘을 함께 굶었다. 그들 앞에 한 광주리의 사과를 가득 담아

놓아 주었다. 한 사람은 참을 수 없는 허기에 사과를 닥치는 대로 먹었다. 한 개, 세 개, 열 개, 그렇게 마구 씹어 먹다가 진력이 났다. 더 이상 사과는 꼴도 보기 싫어졌다.

더 이상 사과 냄새조차도 맡기 싫었다. 두어 개 남은 사과를 밀쳤다.

그런데 한 사람은 먹는 방법이 달랐다. 사과를 바라보았다. 아름다웠다. 허기에 지쳐 있기는 했지만 사과의 붉은 태양빛은 눈물겨웠다. 조심스럽게 사과 한 입을 베어 물었다. 눈물을 죽 흘렸다. 사과향이 빈 목을 타고 내리며 감사의 눈물이, 감격의 눈물이 흘러 내린 것이다. 그는 겨우 세 개를 먹었다. 사과를 아직도 더 먹을 수 있었다. 그러나 그는 사과 광주리를 밀쳐 냈다. 이토록 눈물겨운 사과에 대한 그리움을 더 지키고 싶었던 것이다.

이런 그리움을 지키는 일은 서두는 사람에게 오기 힘들다. 이런 그리움은 무엇인가. 생명을 연상시키는 자아 찾기 즉 묵상의 축복에서만이 가능하다.

닥치는 대로 맛도 모르는 섭취는 무엇인가, 배설물만 늘리는 일이다. 우리는 아니 나는 사고의 배설물만 키우고 가슴은 늘 허기졌는지 모른다.

방문을 걸어 잠그고 고요히 앉아 두 손을 모우고 눈을 감는 일에 나는 바쁘다고 바쁘다고 하면서 마음으로 다 한 것 같은 착각으로 살았는지 모른다.

드디어 그리움까지 먹어버린 건 아닐까.

그리움이 없는 가슴이 일찌감치 사막화되어 가는데도 자신도 모르고 사막을 아무런 회의 없이 가고 있었던 것이다. 나 자신이 사막이 되어 버리는 것도 모르고.

그러기에 순천만을 온다. 거기 사막을 막는 자연이, 배경이 가슴 울리도록 덥썩 손을 잡아 주기 때문이다.

여기 이렇게 순천만이 있었어요. 나는 낮게 속삭인다. 순천만에 어둠이 내리고 더 진지한 목소리로 순천만도 속삭인다. 여기 그대의 본성이 있어요, 나는 끄덕인다.

본성을 찾는 일에 우리들은 수고를 하고 있을까.

혹 본성을 잃어버린 것은 아닌지 자, 가슴을 만져 보세요. 우리가 어지러운 도시 속에서 무엇인가 열심히 땀 흘리며 찾고자 하던 본성. 그것이 어디에 있는지 만져 보세요. 그 본성이 바로 자신의 고향이 아닌가.

그 고향이 우리가 닿으려고 하는 우리의 정신세계 그 정산이 아닌가.

본성을 잃어버린 인간은 고집을 뚝심이라고 말하고 사나움을 용기라고 말하고 비굴함을 정직이라고 말하지요. 그리고 사는 일이 다 그렇고 그렇다고 말하지 않던가.

탐욕을 성공이라 부르고 그 탐욕의 진실을 사랑이라 말하지 않던가, 그래

사람들은 편리한 것을 찾아 떠난다.

너무 휙휙 지나가는 요즘,

바로 눈앞에 있는 것을 사랑할 줄을 모른다.

어린 왕자가 말한, 샘이 있다는 그 믿음으로 명상적인 자세와

노동의 자세를 겸비하면 샘이 어디에 있든 못 갈 이유가 뭔가.

그 사람과 이야기를 하고,
그 사람이 나를 이해하고,
그 사람이 나에게 있다는 존재의 확인이 무엇보다 중요하지 않을까요.
내가 누구인가를 확인하는 일은 매우 중요합니다.

서 그들은 희생이라는 말을 용서라는 말을 잘 모른다. 본성이 허약하므로.

특히 묵상이라는 말은 종교적으로 종교의 특정인 만이 하는 것으로 생각한다. 누가? 내가.

칠레의 소설가 루이스 세풀베다의 작품 중에 『갈매기에게 나는 법을 가르쳐준 고양이』라는 동화가 있다. 『어린왕자』처럼 동화지만 어른을 위한 책이다. 알을 낳고 바로 죽는 갈매기를 바라보는 고양이 한 마리는 그 알을 집에 가져와 품어 결국 부화시킨다.

갈매기는 잘 자라고 고양이 엄마와 잘 산다. 그러나 고양이 엄마는 고민이 있다. 고양이와 살다보니 갈매기는 나르는 법을 잃어버리고 걸어 다닌다.

고양이 엄마는 이것이 사랑인가 희생인가 고민한다. 살려 주었으나 본성을 사라지게 한 것은 어쩌면 죄인지도 모른다고 고민한다. 결국 고양이 어른들이 모여 갈매기에게 나는 법을 가르쳐 줄 사람을 의논한다.

처음엔 권력자가 두 번째는 부자가 등장하지만 갈매기에게 본성을 찾아 주지 못한다. 결국 누구겠는가, 시인이 온다. 결국 누구겠는가, 시인이 갈매기를 나르게 한다는 이야기다.

시인은 어떻게 갈매기를 나르게 했을까. 갈매기에게 진심으로 다가갔고 권력이나 돈으로가 아니라 마음으로, 진심으로 갈매기에게 가 닿았던 것이다.

자, 너는 갈매기다. 너의 엄마도 아빠도 다 날았다. 저 하늘을 보아라. 저 바다 위를 다 날아다녔다. 날개를 펴 보렴. 날아라 날아라. 그래그래, 그렇게 하는거야. 떨어졌니? 아프니? 피가 났니? 다 그러면서 나는 거란다. 이렇게 그 본성에 호소하면서 본성을 찾아 주었던 거다.

순천만은 이렇게 시인이 속삭이는것 처럼 우리가 잃어버렸던 본성을 찾고 만나게 해 준다. 아름다워라, 순천만. 고맙다, 순천만이여!

갈대를 만난다, 갈대가 내게로 달려왔다. 순천만은 목적지가 아니다. 목적지를 향해 가는 길목의 화살표 같은 곳이다. 마음을 깨워 주는, 가고자 하는 마음을 부추기는 화살표 같은 곳.

갈대는 그때 만난다. 깡마른 몸으로 흔들리지만 갈대는 꼿꼿한 몸을 가졌다. 속이 텅 빈 것 같지만 그 공간에 정신이 있다. 200살쯤 돼 보이지만 아직도 저들끼리 흔들리며 바람과 대적한다. 그들끼리 몰려 있어서 두려울게 없다.

순천만의 바람이 갈대를 덮친다. 갈대는 바람을 받아 준다. 거역하거나 손사래를 치지 않는다. 받아 주는 것으로는 저 깡마른 노인을 대적할 수 없다. 바람이건 비건 눈이건 물안개의 답답함까지 다 받아 준다.

그것뿐이 아니다. 무진교 다리 아래의 갯벌을 비추는 보름달을 보면 안다.

그 상긋한 달그림자를 받아 주고 그 달무리를 감고 돈다.

바람이 갈대 위에 드러눕는다. 찰칵찰칵, 갈대의 춤이 한순간 정지된다. 저 달의 아슴한 빛을 갈대는 온몸으로 감으며 흔들린다.

으스스 춥다. 두 손에 달빛을 받아 본다. 으스스 춥다. 순천만의 밤은 가슴 시리다. 큰 달을 바라보면 철렁 가슴이 내려 앉는다. 혼자 보는 아름다움은 그래서 두렵고 무서운 일이다. 비수가 꽂히는 듯하다. 잠시 누군가의 목소리를 듣는다. 있는 듯 없다. 달이 더욱 차 올라 터질 것 같다.

능선 위의 달이 장난처럼 그려 놓은 듯 크고 밝다. 다시 누군가의 목소리가 들린다. 있는 듯 없다. 없다라는 말이 너무 시리고 아프다. 등줄기가 가없이 달빛에 찔린다.

다시 어딘가로 마음이 몰린다.

모든 것은 흐르거나 떠나갔다. 아무것도 잡을 것이 없다. 아무것도 기다릴 것이 없다 아무것도 그리워 할 것이 없다. 막막하다. 죽을 듯 침잠한다. 죽을 듯 아프다.

말하지 않았는가. 아름다움은 정면으로 바라볼 수 없다. 그것은 잔인하다. 나는 지쳐 있고 나의 정신은 그 불꽃이 잦아드는 듯하다.

그러므로 나는 여기 순천만에 왔다. 나는 도시에 살지만 내 마음은 하루에도 몇백 번 순천만을 갔다가 오곤 한다.

스스로를 만들며 살아가고
어딘가 빛을 만들며 사는 일.
그것이 아름다운 삶이라고 할 수 있지.

아니 가끔 도시로 온다고 해야 옳을 것 같다.

지금은 순천만에 서 있을 것. 그리고 두 손을 모우고 서 있을 것. 오래오래 눈 감을 것. 묵상 안으로 들 것. 더 안으로 들 것. 그리고 반짝, 정신이 살아 튀어 오를 것.

자기 손으로 자신의 몸을 때리는 건강법이 있다고 들었다. 운동이다. 자극이다. 그렇다면 마음도 때리면 되나? 순천만은 마음을 때려 묵상하게 만드는 자연 운동법이다. 때려라. 아프게, 진하게, 반짝, 마비된 정서가 깨어나도록.

순천만에 가라. 찰칵, 정신의 한 순간을 정지시켜라. 그리고 마음을 두 손으로 끌어올려라.

묵상은 자기를 찾아 살아 움직이게 하는 것. 빛날 것. 가장 강인한 자아로 탈바꿈시키는 운동. 그것은 '나'를 찾는 경건한 기도이다.

그동안 나는 묵상을 잃어버렸었다. 왜 그렇게 목이 말랐는지 모른다. 묵상도 혈통 같은 것인가. 피가 당긴다. 때로는 너무 피가 달아 올라 면벽하며 정좌하고 두 손 모아 눈감고 깊이깊이 들어 가고 싶었다. 그것은 왜 그토록 어려운 일이었을까.

다 마음이다. 마음에 없어서이다. 그리움이 없어서이다. 상실이다.

눈물이 죽 흐른다. 반갑다는 마음의 한 줄기 인사이다. 차단한 빛을 만나기 위한 묵상은 그래서 나에게 한 방울의 피를 만들어 준다.

자연의 수혈이다. 자연은 보는 것 만으로도 수혈이 된다. 내가 순천만을 찾는 이유다. 으으윽 소리를 삼키다 울음을 깨어 문다. 저 안에 갇혀 캄캄하게 누워 있던 내 마음의 소리가 한 계단 한 계단씩 올라오는 모양이다.

나는 손을 뻗는다. 잡힌다. 따뜻한 눈물 한 줄기의 소리 그리고 빛.

자연에 허기지다

너무 많이 바라보지 마라. 사랑하면 정말 사랑하면 그것이 나의 일부라고 진정으로 생각한다면 아주 조금 마음으로 그 순간을 이동시켜 다시 음미할 일이다. 자연은 무화되기 쉽다. 식상하기 쉽다. 아름다움이라는 것이 그렇다. 슬프지만 극복해야 할 부분이다.

갈대가 있었다. 오래 함께 있었다. 충격이 점점 사라지고 감각이 없다. 그 존재마저 사라져 버린 듯 없다. 너무 슬프다. 갯벌이 있다. 강이 있다. 새가 곡예하듯 날고 있다. 허공은 허공이 아니다. 눈부시다. 그러나 곧 관심 밖이다. 새가 있네. 그렇게 무심해지면 슬프다.

가족이야말로 우리가 받은 최고의 선물 아닐까.

가족을 사랑할 때는 도저히 가능하지 않았던 힘까지 솟아오르는 것을
우리는 뜨겁게 경험했다.

우리는 거기서 '행복'이라는 단어를 배웠다.

공동체에서는 함께하는 미덕을 갖추지 않고 동행할 수 없을 것이다.

화해는 동행의 또 다른 말이다.

얼마나 감사한 일인가.

'감사하는 분량이 곧 행복 분량'이라는 것을
우리는 잊지 말아야 할 것이다.

달이 떠 있다. 우주를 가슴안에 안은 듯 내가 붉다. 여자가 다시 되어 가는 듯 몸이 가렵다. 저 달을 끌고 어느 가슴으로 기울고도 싶다. 너무 아름다워 눈감는 정지용 시인처럼 '눈 감을 밖에…'

자연은 보면 볼수록 멀어지기 쉽다. 말하건데 순천만에 와서는 조금만 봐라. 아끼면서 사랑하라. 마음으로 담아 순천만을 키워라. 더 더 더 키워라 그리고 깊이깊이 어루만져라.

바라볼수록 커지는 것은 마음으로만… 그래야 우리는 이 지상의 생명의 땅 순천만을 오래오래 가질 수 있다. 살려낼 수가 있다. 아껴라! 사랑하라! 순천만은 바로 나 자신의 얼굴이므로 폐이므로 다리이므로 팔이므로 심장이므로 그리고 나의 그리움이므로. 우리가 반드시 지켜야 할 사랑, 자연이므로.

자연에 허기지면서 허기지면서 조금씩 아끼는 맛있는 희망.

영원히 걸어서 가고 싶은 곳, 내 혼이 거기 그곳이 있으므로 고요해 질 수 있는 곳이므로.

'나'에 허기지다

　나의 모든 행운은 내가 나를 모르는 데서 비롯되었다. 내가 나의 능력을 알고 아무것도 시작하지 않았다면 나는 지금 정신적 거지가 되어 있을 것이다.

　나의 모든 비극은 내가 나를 모르는 데서 비롯되었다. 내가 나의 능력을 모르고 뭐든 될 수 있다는 가능성을 어른들에게 듣거나 내가 그렇게 생각해서 시작했으므로 내게는 과도한 상처와 고통이 따랐다.

　내가 나를 모르는 것은 위태로운 일이다. 위태로운 길 위에서 속절없이 정처없이 떠가는 자신을 바라보기 위해 한 번쯤 나를 멀리서 바라보기 위해 순천만은 있다.

　'나'에 허기져 지금 너무 답답하여 책상을 탁! 치고 싶은 사람들. 여기 순천만이라는 거울이 있다. 찰칵찰칵… 소리 없이 순천만이라는 거울을 닦는 소리를 들어 보기를.

조대연의 S모놀로그

무지개는 비가 온 뒤에 뜬다.
고난 없이 어떻게 감동이 있겠는가.
씨 뿌리고 거름 주지 않고 어떻게 열매부터 얻겠는가.
순천만 곳곳에 수십 년을 방치한 사람의 흔적들을
치우고 또 치운 수고를 하지 않았더라면 지금의
맑은 순천만이 있었겠는가.

칠면초는 일 년에 일곱 번 색깔을 바꾼다 하여
인간이 붙여 준 이름이라 하였다.
무지개 빛깔처럼 일곱 색을 갈아입는 칠면초를 보니
아름답다는 생각은 뒤로 가고 그저 그 처지가 참 딱하다.
수없이 편한 곳을 마다하고, 왜 하필 이 험한 갯벌에
뿌리내려 쉼 없이 쉼 없이 색을 바꾸며 살아가는 건가.
돌아보니 내 삶이 칠면초와 다를 게 없다.
누구의 부모로, 자식으로, 친구로, 직장 동료로
쉼 없이 옷을 갈아입으며 이 험한 세상에 뿌리를
내리지 않았는가.
그래도 모르는 누군가는 내 삶을,
찬란한 일곱 빛깔 무지개로 봐 주었으면 좋겠다.

용산 오르는 길에 동백꽃, 진달래 화창하다.
잔바람에도 흔들리는 색깔 고운 꽃잎이 아름답다.
가늘 길마다 봄꽃이 있으니 화창한 봄날이다.
긴 겨울을 이기고 핀 여린 꽃을 보니 움츠러들었던
내 어깨가 절로 펴진다.

무슨 일이건 그 일을 반드시 이루고자 하면
마음부터 세워야 한다.
순천만 사람들이 철새를 지키려고
꾸준히 노력할 수 있었던 것은
흔들리지 않는 마음이 있었기 때문이다.
그 마음을 알기에
안심하고 철새들이 날아드는 것이다.

높은 산을 오르거나 달리기를 오래 하다보면
몸 속에서 필요로 하는 산소가
극단적으로 부족한 상태에 이르게 된다.
숨이 목 끝까지 차올라 죽을 고비에 다다른 점을
사점이라 한다.
또 방향을 바꿀 때 돌아서는 순간
잠깐 멈추는 시점을 사점이라 한다.
고비를 넘어갈 때 생기는 사점은 자연스러운 것이다.
우리의 인생에도 사점이 있다.
인생의 중요한 전환점에서 맞는 사점은
숨 고르기 단계로 봐야 한다.
다음 숨을 위해, 더 먼 인생의 여정을 위해
잠시 숨 고르기는 약이다.

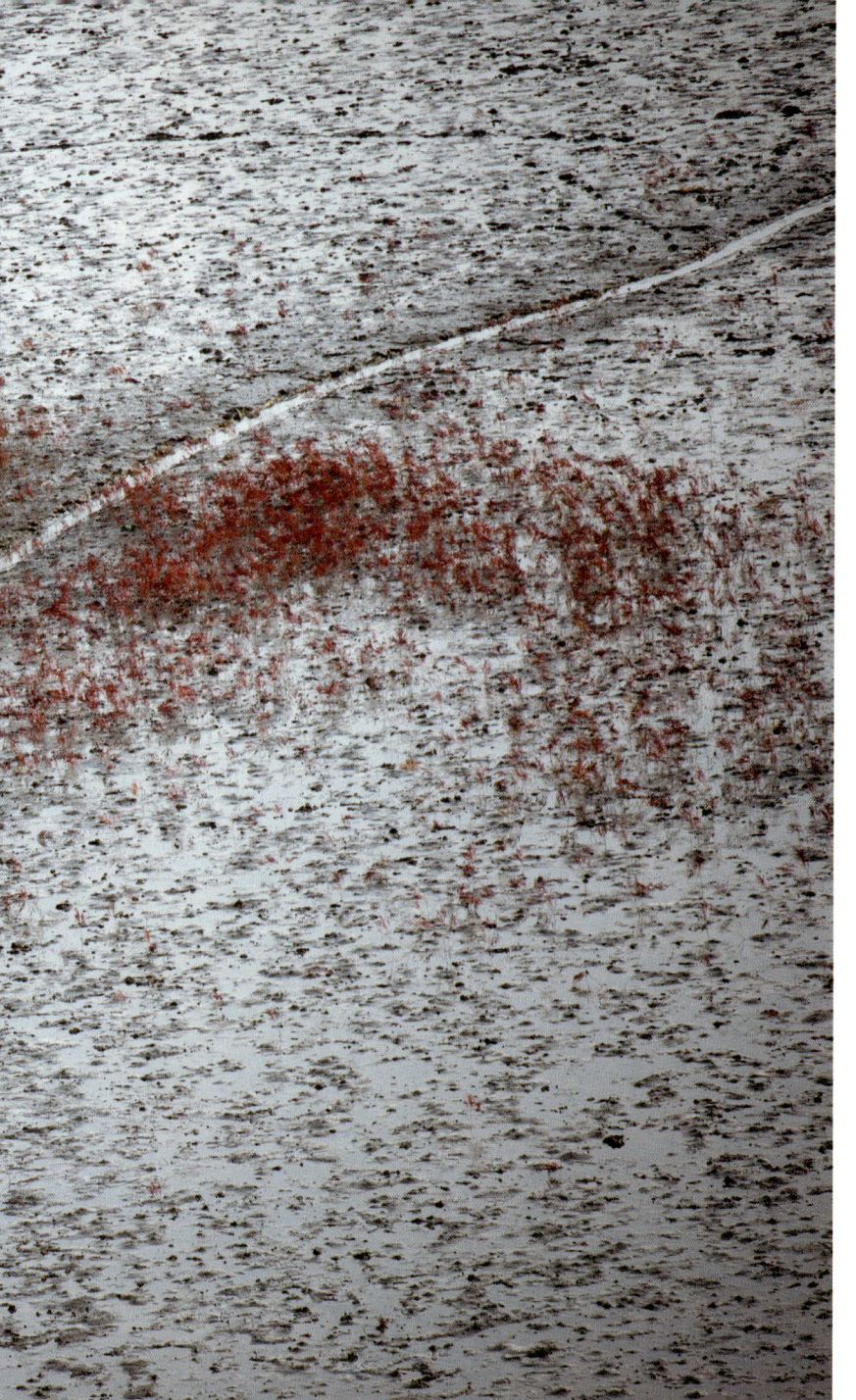

순천만에 갈 것이다

갈 것이다

신경숙의 S모놀로그

함께 공유하면 상처가 치유될까. 잊을 수는 없겠지만 그때로부터 마음이 멀어지길.
바래진 상처를 딛고 다른 시간 속으로 한 발짝 나아가길.

_와온 갯벌

몇 년 전까지만 해도 추석을 앞둔 열흘 전 쯤에 우리 가족은 남도 길에 오르곤 했다.

그냥 여행이 아니라 성묘 가는 길이었다. 산소가 승주에 있어서 거기까지 가려면 자연스레 남도의 가을 풍경들이 실컷 눈 속으로 들어왔다. 처음엔 산과 들과 하늘을 번갈아 내다보는 일에 열중했으나 나중엔 좌석에 등을 묻고 스쳐 지나가는 풍경들을 물끄러미 바라보곤 했다. 무엇을 따로 봐야 할 것 없이 보이는 풍경 모두에게서 시선을 거둘 수가 없었으니까. 가을빛에 드러난 산과 들과 하늘과 강들을 보고 있으면 우리나라 참 아름답구나, 싶은 감탄사가 저절로 새어 나오곤 했다.

서울과 대전과 전주에서 각각 길을 떠난 가족들이 만나는 곳은 순천이었다.

나는 정읍에서 나서 열여섯까지 그곳에서 자랐으면서도 전라남도 쪽으로는 겨우 광주까지 가 보곤 그만이었다. 정읍에서 고등학교를 다녔으면 좀 달라졌을 수도 있었을 텐데 중학교를 졸업하고 서울로 온 이후로는 부모가 있는 정읍 가는 것에도 벅차서 그 아래로는 내려가 볼 엄두를 내지 못했다. 서른 이전까지 그런 삶이 계속 이어졌다. 결혼을 하고나서 추석 때에 이르러 가족들이 성묘를 다니기 전에는 순천이 남도에서 가장 산이 많은 고장이란 것도 알지 못했다. 어디 알지 못한 것이 그뿐인가. 화엄사와 선암사가 순천 가까이 있다는 것도 모르고 지냈으니 참 싱거운 삶이었지

남아 있는 나날들은 때때로 아름다워서 여행 가방을 끌고 집을 떠나
마추픽추의 산정에 오르는 날도 있는 것이고,

하늘이란 무릇 저래야지,

넋을 놓고 푸른 빛에 마음을 풀어놓는 온화한 날도 있는 것이지만,
그러다 문득 깊이 모를 무의 심연을 타고
그 이초가 하얀 탁자보에 엎질러진 잉크처럼 마음에 번져올 때면
누군들 당신을 붙잡고 싶지 않겠는지,
누군들 따뜻한 체취 곁에 머물고 싶지 않겠는지,
어디서나 이렇게 서둘러 집으로 돌아오고 싶지 않겠는지.

누군가의 마음을 움직이게 하고 싶고,
더 이상 새로울 것이 없을 것 같은
우리들 생의 모랄에 끼여들어 새 인사를 하고 싶고
인간이 지닌 친밀성에 냉소적인 사람들의
마음을 조금만 변화시켜 놓고 싶다.

싶다.

　성묘 가는 길에 순천 시내에 들러 선산을 지키고 살고 있는 친척에게 인사할 때 내놓을 과일이며 고기를 사느라 장을 보곤 했다. 그럴 때에는 진짜배기 남도 사투리의 정겨움과 익살스러움을 흠씬 누릴 수 있었다. 장을 보다가 서울에서는 생각지도 못하는 덤을 서슴없이 얹어 주면 저래서 뭐가 남나? 오히려 내 쪽에서 걱정이 될 정도로 순천 사람들의 푸짐한 인심을 누리기도 했다. 점심을 먹고 가지 않으면 친척집에 폐가 될 것 같아 우리가 해마다 들렀던 '굴다리 집'이란 백반집 식당도 순천에 있었다. 그 집은 상호처럼 굴다리 옆에 있었다. 일반 가정집처럼 넓은 마당을 가진 백반집이었다. 상행과 하행을 연결하는 도로 가에 있어서 오래전부터 그 집은 길을 오가는 사람들 사이에 맛있는 집이라고 이름이 난 집이었던 것 같다. 우리가 들어서면 맨 먼저 마당 한구석에 순한 어미개가 새끼들에게 젖을 물리고 있는 풍경이 눈에 띄었고, 자유롭게 풀어놓고 먹이는 닭들이 날개에 가을빛을 받으며 모이를 쪼아 먹고 있었다. 굴다리 식당의 창가에 자리를 잡고 앉으면 산에서 흘러나온 개울 물이 내다보였는데 두루미같이 다리가 긴 새들이 개울에 내려와 앉아 있곤 했다. 오천 원도 채 안 되는 밥값이었는데 상에 차려진 건 헤아릴 수가 없었다. 윤기가 자르르 흐르는 쌀밥에 입 안에서 살살 녹는 시래기가 가득 들어간 된장국에 고들빼기, 무를 넣고 졸인 갈치

찜과 장아찌, 깻잎, 산채나물 등 입맛을 돋우는 밑반찬들이 상을 가득 채웠다. 고들빼기는 순천이고 갓김치는 여수라던데 나는 순천의 그 굴다리 집에서 먹었던 갓김치가 지금도 최고다. 내가 갓김치를 어찌나 맛있게 먹었는지 형님이 식당 주인에게 갓김치 좀 팔라고도 했다. 주인은 우리는 갓김치집이 아니라 밥집이라며 갓김치를 돈을 받고 팔지는 않고 집에 가서 한 끼 더 먹으라며 조금 싸 주었다. 자존심도 지키고 인심도 잃지 않는 주인의 지혜가 잊히지 않는다. 나는 지금도 그게 순천 사람이고 순천 인심이라고도 생각한다.

선산의 묘를 이장하기 전까진 성묘 가는 길이면 순천의 굴다리 집에 가서 갓김치를 실컷 먹고 조금 얻어 오는 일은 계속 이어졌다. 그 성묘 가는 기회 덕분에 나는 선암사와 화엄사와 쌍계사까지 가 볼 수가 있었다. 봄날의 남도 풍경은 어떨까? 싶어서 봄날에 사나흘 시간이 생기면 자주 남도 여행에 오르는 일도 생겼다. 그러다가 드디어 여수반도와 고흥반도가 에워싸고 있는 순천만을 처음 보게 되었을 때 나는 서울에서 만난, 순천에서 태어나고 자란 소설가 한 분이 왜 그렇게 늘 입에 순천 순천, 달고 살았는지도 알게 되었다.

나는 내륙에서 성장한 터라 사실 습지나 갯벌 등에 대해서는 알지 못한다. 내가 성장한 고장에서는 생선이 귀한 것이어서 그걸 '비린 것'이라고 칭

우리는 서로 연결되어 있다는 것,

서로 연결되어 있는지도 모르는 채
우리는 서로의 인생에 영향을 끼치고 있다.

했는데 비린 것이 상에 오르는 날은 귀한 손님이 왔다거나 제사거나 식구 중 누군가의 생일이었다. 내게 있어 갯벌 냄새나 바다 냄새 혹은 그 냄새들을 풍기는 음식들은 아직도 얼마간 낯설다. 여행이란 단어 속에 '낯선' 이란 뜻이 가미되어 있어서인지 내게 여행이란 말 속엔 자연스럽게 바다 냄새가 배어 있다. 아무리 먼 곳이라도 산에 가면 낯설다는 생각보다는 아는 곳에 왔다는 느낌인데 갯벌이나 바다는 아무리 가까워도 아주 먼 곳에 왔다는 생각이 먼저 들곤 한다. 앞에 말했듯이 내가 내륙에서 자란 탓일 게다. 인간이란 별 수 없이 사춘기 이전까지의 성장 공간의 영향을 많이 받게 되어 있다. 그곳에서 자라면서 본 풍경들, 만난 사람들, 그곳에서 성장하며 먹었던 음식들의 영향이 자신도 모르게 일생 동안 이어진다고 여겨진다. 순천에 처음 갔을 때도 아는 곳처럼 정다웠던 이유는 내가 성장한 고장처럼 순천이 남도에서 산이 가장 많은 곳이라서였을 것이다. 그런데 순천은 산지뿐 아니라 순천만을 품고 있는 것으로 돌연 정다우면서도 낯선 두 얼굴로 다가왔다. 그제서야 늘 순천, 순천을 말했던 소설가, 그에게 매우 친밀함을 느끼면서도 내가 갖지 못한 진한 그것이 무엇이었는지도 이해하게 되었다. 나에게는 없는 그 진득하고 끈끈한 정은 순천만을 품고 살았던 사람이 저절로 지니게 된 품성이었다.

순천만을 처음 보았을 때 그 감동을 어떻게 표현할 수 있을까.

바다나 갯벌을 보지 못하고 성장한 나 같은 사람의 눈에도 이곳이 얼마나 귀한 곳인지 한눈에 깨달아졌다. 고흥반도와 여수반도로 에워싸인 채 S 자 형으로 깊숙이 들어간 순천만의 비경은 대대동의 거대한 갈대밭이다. 대대동 마을은 갈대숲에 깊이 파묻혀 있다. 그 갈대 군락을 따라 와온 마을의 낙조를 본다면 무엇을 더 바라서는 안 될 기분에 휩싸인다. 갈대로 이어지는 길이가 무려 230만제곱미터. 끝도 없이 펼쳐져 있는 고밀도의 갈대숲 사이로 새들이 날아올랐다. 어디선가 V자로 날아오던 새들은 갈대 숲 속으로 하강하기도 했다. 그 갈대밭 사이에 들어서는 순간 어떤 나쁜 생각을 할 수 있겠는지. 갈대숲이야 수도 없이 봐왔지만 순천만의 갈대는 어디에서도 본 기억이 없다. 봄날과 여름날의 갈대숲은 연두와 초록빛을 띠고 그저 미풍에도 흔들린다. 소나기라도 내릴 때는 어떤 모습일른지. 아무리 사람이 많은 날이라 해도 그 갈대 숫자만큼 많을 수는 없을 것이다. 인적이 드문 시간에 그 길을 걷는 일은 그야말로 저절로 마음이 치유되는 시간이기도 하다. 가을과 겨울의 갈대들의 몽환적인 어우러짐 속에 섞이다 보면 세속의 욕망들이 고갤 숙인다. 순천만은 강물을 따라 들어온 모래나 유기물들이 바닷물의 조수 작용에 의해 쌓여서 넓은 갯벌을 이루고 있는데 갯벌 사이의 아름다운 S자의 수로는 어디서도 볼 수 없는 절경이다. 그 S자의 수로를 따라 걸을 수 있을 때까지 걸어 봤으면 싶은 마음이 볼 때마다 일렁인

다. 순천만의 갯벌들은 어디나 온갖 새들의 서식지이다. 겨울날의 청둥오리 떼들은 순천만 어디에나 숱해서 어린아이가 찍는 사진 속에도 등장한다. 갈대숲 사이로 펼쳐지는 갯벌엔 온 세상의 새들이 거기 다 모여 있는 듯이 여겨진다. 흑두루미나 노랑부리저어새 같은 국제적인 희귀새들도 거기 살면서 겨울을 난다. 새들이 겨울을 날 수 있다는 것은 순천만엔 새들이 겨울을 나며 먹을 수 있는 생물들이 살고 있다는 뜻이다. 실제로 순천만은 해안 생태 경관이 수려할 뿐 아니라 희귀생물들이 서식하는 곳으로 인정되어 명승 제 41호로 지정되어 있다. 시간을 체크해야 하지만 물이 빠질 무렵에 배를 타고 나가면 희귀 철새 떼들의 움직임을 아주 가까이에서 볼 수 있는 곳이 순천만이다.

갈대밭을 걸으며 이십대의 나의 감수성을 찬란하게 뒤흔들었던 김승옥의『무진기행』의 무대가 순천이라는 것도 뒤늦게 깨달았다. 소설 속의 '나'는 서른셋으로 제약회사 중역이며 몇 년 전에 미망인과 결혼을 했다. 그 아내와 장인의 후광으로 제약회사의 전무로 승진을 앞두고 고향 무진에 내려와 며칠을 보낸다. 소설 속엔 음악교사이지만 한때 성악가를 꿈꾸었던 '하인숙'이 등장한다. 그녀는 무진에 살지만 늘 그곳을 떠나는 꿈을 꾼다. 서울에서 내려온 '나'에게 느끼는 호감도 '나'가 풍기는 서울 냄새 때문이다. 서로 일주일 간의 연애를 꿈꾸지만 서울로 급히 돌아오라는 아내의 전보를

강을 건너는 사람과 강을 건너게 해 주는 사람이 따로 있는 게 아니라네.
여러분은 불어난 강물을 삿대로 짚고 강을 건네주는
크리스토프이기만 한 게 아니라

한 사람 한 사람이 세상 전체이며 창조자들이기도 해.

때로는 크리스토프였다가 때로는 아이이기도 하며
서로가 서로를 강 이편에서 저편으로 실어 나르는 존재들이네.

스스로를 귀하고 소중히 여기게.

받고 '나'는 결국 '하인숙'을 무진에 남겨두고 전무가 되기 위해 혼자 서울로 간다. 거칠게 요약되는 소설의 줄거리는 이것뿐이지만 무진기행을 읽다 보면 고향에 남겨진 상처뿐인 시간들과 조우하게 되는 아픔이 고향을 떠나 본 일이 있는 사람들의 마음을 뒤흔든다. 다시 홀로 남겨진 하인숙은 그 후 어떻게 되었을까? '무진'을 '순천'으로 바꿔 본다면 '순천'에 남겨진 하인숙은 어떻게 되었을까? 그러고 보니 소설가, 그와 내가 전화통화를 하던 시절에도 『무진기행』에 대한 이야기를 나눈 기억이 있다. 우리는 주인공 '나' 보다는 '하인숙'에 대해 더 얘기했다. 우리는 모두 『무진기행』 속의 '하인숙' 일지도 모른다는 얘기도 나눴던 것 같다. 하인숙에 대한 얘기만 나눈 건 아니다. 나는 그를 통해 순천여고의 여학생들이 얼마나 미모가 대단한 것인지에 대해서도 알게 되었으며 순천 주변의 풍경들, 이를테면 하동이나 구례의 아름다움에 대해서 듣게 되었다. 봄날에 쌍계사로 들어가는 길목이 얼마나 아름다운지에 대해서 그리고 그곳의 차 맛이 얼마나 일품인지에 대해서도. 가끔 그의 집에 초대받다가 식사를 할 때면 남도에서 올라온 진짜배기 남도 김치와 젓갈 맛을 볼 수가 있었다. 결국 그는 순천에 대한 향수를 잊지 못하고 순천만으로 이어지는 어딘가에 집을 구해 낙향을 했다. 지금은 연락이 끊겼지만 그가 낙향을 한 후 오랫동안 우리의 통화는 계속 이어졌는데 나는 어쩌다 보니 그의 순천 집에 가 본 적이 없음에도 불구하고 그의 집 풍경이 머릿속에 자리 잡고 있을 만큼 그가 묘사한 풍경들이 아직도 환하다. 작년 봄엔 마당 어디에 무슨 나무를 심었고, 올 봄엔 또 무엇을 심었다고 했던 그 목소리가 갑자기 그립다. 오래 인기척이 끊겨 있던 집으로 들어가 그가 정성 들이고 있는 마당에 대한 이야기들은 언제나 나를 기름지게 했었다. 그때 그가 내게 남긴 말은 마당은 삼 년은 가꿔야 틀이 잡혀 꽃도 보고 열매도 볼 수 있는 것 같다고 했던 말이다. 봄이 왔다고 화분에 뭘 좀 심어 놓고는 그게 피지 않는다고 에이~ 하고 마는 이런 사람으로서는 참 진득한 말이다. 그의 그 진득함은 순천에서 나고 자랐기에 얻어진 것이라는 생각이 든다. 생각해 보니 그가 순천으로 낙향한 후 꽤 오랫동안 나는 내가 이 도시에서 메말라 가고 있다고 여길 때면 해 저물 때 같은 시간에 전화를 걸어 오래 통화를 했다. 순천에 살고 있는 그와의 전화통화 자체가 내게는 일종의 치유였다. 그가 전하는 순천 사람들의 살아가는 모습들은 서울에서의 나의 삶을 돌아보게 하고 비워내게 하고 가다듬게도 했다. '하인숙'에게 사랑한다,로 시작되는 편지를 찢어 버리고 서울로 간 『무진기행』속의 '나'와는 반대로 서울을 버리고 순천으로 돌아간 소설가, 그를 보며 나는 통쾌했다. 『무진기행』속의 '나'가 서울로 돌아가는 일이 진심을 버리고 세속을 따라가는 행위였다면, 소설가 그가 서울을 두고 순천으로 돌아간 일은 세속을 버리고 진심을 따르는 일이었을 것이기에.

사랑이 다시 오면
이제는 그렇게 휘둘리지 않고
놀라지 않고 아프지 말아야지.
외로웠지만 사랑이 와서
내 존재의 안쪽을 변화시켰음도.
사랑은 허물의 다른 이름이라는 것도.

글을 쓰고 나니 이제 순천은 내게 낯선 곳이 아니다.

순천으로 돌아간 그와 연락이 끊겼어도, 이제 산소를 이장해서 성묘 가는 길에 순천을 들르는 일이 사라졌어도 순천에 갈 것이다. 언젠가 소설가 그가 마당에서 내다본 순천만의 풍요로운 풍경들과 계절에 따라 변하는 순천만을 에워싼 거대한 갈대밭의 사계들을 별일 없이도 보러 갈 것이다. 썰물 때에 드러나는 12킬로미터에 이르는 갯벌에 내 발바닥을 대보고 싶은 꿈을 꾸기도 할 것이다. 가는 길, 혹은 오는 길에 무지개를 보기도 하고 젓갈 냄새가 옅게 풍기는 겉절이와 된장을 풀어 끓인 참게탕을 허기진 듯 먹기도 할 것이다. 풍경과 사람과 음식에 치유된 나는 돌아오면서 어김없이 생각할 것이다.

우리나라 참 아름답다고.

바다.
그 안에서 무수히 꿈틀대는 생명을 그려 본다.
뭍.
다시 저 바다가 뭍이 되는 순간을 기다려 본다.
또 다른 생명들이 그 순간을 나와 함께 기다리겠지.

할머니의 등이 갯벌의 굴곡만큼 깊게 굽었다.
할머니의 손은 갯벌의 겉가죽만큼 거칠 것이다.
그래도 할머니의 몸은,
참 자연과 닮았다.
자연 앞에서 우리는 그토록 닮을 수 있을까.

순천만의 모든 것들은 그 안에서 온전히 하나이다.
갈대는 철새에게, 갯벌은 짱뚱어에게,
바다는 뭍에게, 사람은 그 모든 자연에게.
서로 기대고 어울려 모든 것이
자연과 함께, 자연 안에서 찬란하게 자연스럽다.
그래서 순천만이 좋다.

갈대 베기가 한창이다.
갈대를 베는 건 그 자리에 더 새로운 생명을
잉태하기 위함이다.
베어진 갈대는 베어진 대로 인간의 삶에 필요가 된다.
갈대 베는 농부의 얼굴에도 미소가 함박이다.
또 다른 생명이 솟아난다는 생각 때문일까.
자연과 인간이 교감하고 있다는 묘한 감동 때문일까.
보고만 있어도 그냥 흐뭇하다.
내 안에서 새로운 삶의 기운이 올라온다.

달집태우기.
정월대보름 순천만 곳곳에서 하늘에 연기가 오른다.
자연의 안녕과 평안을 기원한다.

와온 바닷가에서 할머니 한 분을 만났다.
태어나면서부터 순천에서 자라
순천만을 지키며 살아오셨단다.
할머니 얼굴에 갯벌의 흙 내음이 묻어 있다.
사람이 살아온 인생은 사진이 현상되듯 딱 그대로
제 얼굴에 드러난다고 한다.
난 가끔 거울을 보며 거울 속 내 자신이 너무 낯설어
흠칫거리곤 한다.
나이가 들어 주름살이 가득하고,
피부색은 햇빛에 그을려 누렇게 변하고,
세월의 흔적이 검은 반점을 남길지라도
최소한 내 얼굴이, 나에게 낯설지 않길 바란다.

저자 소개

신달자 〉 1943년 경남 거창에서 태어났다. 숙명여대와 동대학원을 졸업했다. 평택대학교 국문과 교수, 명지전문대 문예창작과 교수를 거쳐 현재 숙명여대 명예교수와 한국시인협회 회장, 한국문학번역원 이사로 재직 중이다. 1964년 여성지『여상』에 〈환상의 밤〉 당선으로 등단해 1972년『현대문학』에 시를 게재하며 본격적인 창작활동을 시작했다. 1989년 대한민국문학상, 2001년 시와시학상, 2004년 한국시인협회상, 2007년 현대불교문학상, 2008년 영랑시문학상, 2009년 공초 오상순문학상, 2011년에는 김준성문학상과 대산문학상을 수상하였고, 2012년 대한민국 은관문화훈장을 수훈하였다. 시집『봉헌문자』,『아버지의 빛』,『어머니 그 삐뚤삐뚤한 글씨』,『오래 말하는 사이』, 장편소설『물 위를 걷는 여자』(1989),『사랑에는 독이 있다』,『모순의 방』,『성냥갑 속의 여자』,『겨울 속의 겨울』,『엄마와 딸』, 수필집『백치 애인』,『그대에게 줄 말은 연습이 필요하다』,『여자는 나이와 함께 아름다워진다』,『고백』,『너는 이 세 가지를 명심하라』,『나는 마흔에 생의 걸음마를 배웠다』 등이 있다.

신경숙 〉 1963년 전라북도 정읍에서 태어났다. 1985년『문예중앙』에 중편소설「겨울우화」로 신인문학상을 받으며 등단하였다. 1993년 장편소설『풍금이 있던 자리』를 출간 한 뒤 연이어『강물이 될 때까지』,『풍금이 있던 자리』,『오래 전 집을 떠날 때』,『딸기밭』,『깊은 슬픔』,『외딴방』,『기차는 7시에 떠나네』,『바이올렛』 등을 발표하면서 1990년대를 대표하는 작가로 자리 잡았다. 2007년 겨울부터 2008년 여름까지 〈창작과비평〉에 연재한『엄마를 부탁해』는 독자들에게 뜨거운 관심을 받았다. 2011년『Please Look After Mom』라는 제목의 영문판 출간을 시작으로 미국뿐 아니라 유럽과 아시아 22여 개국에 판권이 판매되었다. 이외에 산문집『아름다운 그늘』,『자거라, 내 슬픔아』,『산이 있는 집 우물이 있는 집』 등이 있다.

곽재구 } 1954년 광주에서 태어났다. 전남대 국문과를 졸업하고, 현재 순천대학교 문예창작과 교수로 재직 중이다. 1981년 〈중앙일보〉 신춘문예에 시 〈사평역에서〉가 당선되어 문단에 등단하였다. 이후 〈오월시〉 동인으로 활동하면서 시집 『사평역에서』(1983), 『전장포 아리랑』(1985), 『한국의 연인들』(1986), 『서울 세노야』(1990), 『참 맑은 물살』(1995), 『꽃보다 먼저 마음을 주었네』(1999년) 등과 기행산문집 『내가 사랑한 사람 내가 사랑한 세상』(1993), 창작장편동화 『아기참새 찌꾸』(1992) 등을 펴냈다.

장석남 } 1965년 인천 덕적에서 태어났다. 서울예대 문예창작과를 거쳐 방송대, 인하대 대학원 국문과 박사과정을 수료한 후 현재 한양여대 문예창작과 교수로 재직 중이다. 1987년 〈경향신문〉 신춘문예에 〈맨발로 걷기〉가 당선되어 등단하였다. 1991년 첫 시집 『새떼들에게로의 망명』으로 김수영문학상을 수상하였고, 1999년 「마당에 배를 매다」로 현대문학상을 수상하였다. 『지금은 간신히 아무도 그립지 않을 무렵』, 『젖은 눈』, 『왼쪽 가슴 아래께에 온 통증』, 『미소는, 어디로 가시려는가』, 『뺨에 서쪽을 빛내다』, 『고요는 도망가지 말아라』 등의 시집과 『물의 정거장』, 『물 긷는 소리』 등의 산문집이 있다.

정이현 } 1972년 서울에서 태어났다. 성신여대 정외과 졸업, 동대학원 여성학과 수료, 서울예대 문창과를 졸업했다. 2002년 제1회 『문학과 사회』에 단편 〈낭만적 사랑과 사회〉를 출품해 신인문학상을 수상하며 문단에 나왔다. 단편 〈타인의 고독〉으로 제5회 이효석문학상(2004)을 받았으며, 단편 〈삼풍백화점〉으로 제51회 현대문학상(2006)을 수상했다. 작품집으로 『낭만적 사랑과 사회』, 『타인의 고독』(수상작품집), 『삼풍백화점』(수상작품집), 『달콤한 나의 도시』, 『오늘의 거짓말』, 『풍선』, 『작별』 등이 있다.

습지의 숨·쉼'

BREATH AND REPOSE OF THE WETLAND

초판 1쇄 발행 | 2013년 4월 15일

글 | 신달자 신경숙 곽재구 장석남 정이현
사진 | 주명덕 구본창 조대연 석재현 박덕수 이혁준 김상경
펴낸이 | 박기석
기획 | 정철교 이지현
마케팅 | 홍승훈 김창호
에디터 | 이근욱 홍미현
편집디자인 | ㈜윤컬처
펴낸곳 | ㈜시공미디어
출판등록 | 2007년 3월 3일(제2007-000055호)
주소 | 경기도 성남시 분당구 판교역로 225-20 시공빌딩
전화번호 | 02-3440-2375
팩스번호 | 02-6280-5222
홈페이지 | www.sigongmedia.co.kr

ISBN | 978-89-97536-55-9 13980